国家社会科学基金项目《基于E-SCIENCE的新型科研范式研究》
（15BTQ057）阶段性研究成果

基于E-SCIENCE
范式的科研组织重构

陈凯泉 ◎ 著

Research on
New Research Paradigm
Based on E-Science

中国社会科学出版社

图书在版编目（CIP）数据

基于 E-SCIENCE 范式的科研组织重构 / 陈凯泉著.—北京：中国社会科学出版社，2020.6
ISBN 978-7-5203-6691-5

Ⅰ.①基… Ⅱ.①陈… Ⅲ.①科学研究—网络信息资源—资源共享—研究 Ⅳ.①G31-39

中国版本图书馆 CIP 数据核字（2020）第 102368 号

出 版 人	赵剑英
策划编辑	王玉静
责任编辑	孙砚文
责任校对	程 怡
责任印制	王 超

出 版	中国社会科学出版社
社 址	北京鼓楼西大街甲 158 号
邮 编	100720
网 址	http://www.csspw.cn
发 行 部	010-84083685
门 市 部	010-84029450
经 销	新华书店及其他书店
印 刷	北京明恒达印务有限公司
装 订	廊坊市广阳区广增装订厂
版 次	2020 年 6 月第 1 版
印 次	2020 年 6 月第 1 次印刷
开 本	710×1000 1/16
印 张	11.25
插 页	2
字 数	158 千字
定 价	68.00 元

凡购买中国社会科学出版社图书，如有质量问题请与本社营销中心联系调换
电话：010-84083683
版权所有 侵权必究

前　言

信息技术正在深刻变革甚至重塑各个行业的工作流程和工作模式。在科学研究领域，分布式协作网络技术使身处异地的科研工作者可以协同开展工作，全世界范围内大量的虚拟研究社区、虚拟实验室、虚拟研究团队迅速建立起来，科研情报和知识分享的效率得到大幅度提升。同时，当代的科学研究对科学数据也愈发表现出高度的依赖，正如图灵奖获得者吉姆·格雷（Jim Gray）所言，当前的科学研究正在转型为数据密集型科研范式，数据的汇集与共享受到广泛重视，各学科都高度关注科研数据的开放性和研究过程的透明性。在上述背景之下，英国研究理事会时任科学技术办公室主任John Taylor 于 1999 年提出"E-SCIENCE"，以代指信息时代科学研究的新形态。"E-SCIENCE"概念的提出促使各国在科研信息基础设施建设上投资巨大，过去二十年以来，科研网络、大型科研数据库、开放式科研平台等已在日常科学研究中获得广泛采用，"E-SCIENCE"这种曾被视为理想式的概念转化成为当代科研的具体范式，在中国常用科研信息化代指"E-SCIENCE"这种新型科研范式。

本书共分九章，通过对国内外大量科研信息化项目的案例进行分析，系统梳理了 E-SCIENCE 科研范式下科研组织的新形态，提出了 E-SCIENCE 科研范式下的组织结构与运行模型，详细论述了基于网络的协同科研组织的构建模式、运行管理机制及技术支持策略。E-SCIENCE 科研范式使科研组织走向网络化和虚拟化，正转型成为基于网络的协同科研组织，这种组织普遍表现为以网络信息技术为支撑、以契约制度规范的科研资源共享为基础、组织结构网络化和扁平化、科研工作并行展开这四个基本特征。已有的基于网络的协同科研组织案例主要采用了星型、自组织网络化和松散联盟式的网状化三种结构。E-SCIENCE科研范式下科研工作者不仅停留于对模拟仿真系统、数据加工处理软件等软硬件平台的工具性依赖，还在全球范围内寻求学术同行开展科研协作，在更高层次上提升个体学术研究的社会资本。E-SCIENCE科研范式获得成功有赖于三个方面：一是协同科研组织在构建阶段需选择目标一致和能力互补的合作伙伴并签订保障学术信任的合作契约；二是在组织运行的协同研究阶段要综合运用多种沟通方式构筑学术互信，以此保障知识共享；三是支撑组织运转的虚拟研究环境应能提供高质量的学术资源吸引参与者，功能设置上应主要服务于学术社区的建设，使协同科研组织内的成员有社区归属感。

中国科研信息化经过多年建设与积累业已形成扎实的软硬件基础，但面对长期以来形成的科层化学术组织架构，中国应首选在传统科研管理系统的基础上加入支撑科研协作的平台，构建承载丰富学术资源的虚拟研究环境，应正视制约中国构建与运行基于网络的协同科研组织的各种制度因素，尤其是要打破科研文化中资源竞争多于学术追求的局面，消除基于网络的协同科研组织建设与运行中的资源约束，逾越跨学科研究的制度障碍。需要强调的是，由于基于网络的协同科研组织无法改变研究组织内科学家的社会分层，不能打破关键资源向优势学科和精英科学家聚集的马太效应，所以要合理设定基于网络的协同科研组织的功能预期。E-SCIENCE科研范式还需要融合虚拟世界与现实世界的交流从而实现深度沟通，科研工作者不能沉迷于数据、信息和知识的虚拟化而忽视了研究对象的实在化，要时刻防范E-SCIENCE所带来的数据失真及网络安全风险。

本书在撰写和成稿过程中得到了南京大学桑新民教授的悉心指

导，中国科学院青岛生物能源与过程研究所牛振恒研究员为本书提供了科研信息化的政策文件、典型案例等宝贵资料。本书在调研和资料收集阶段，上海中医药大学刘平教授为本研究提供了宝贵资料，还有其他多所高校、研究院所的教授和专家为本书撰写提供了诸多见解独到的指教。在此一并向以上各位专家致以诚挚的谢意。还要感谢中国海洋大学文科处多年来对本人科研工作的大力支持，感谢中国社会科学出版社王玉静编辑的辛苦付出保证了本书的如期出版，也要感谢本人的研究生刘宏、郑湛飞积极参与了本书的修改和校订工作。

由于科研信息化的相关技术发展迅速，"E-SCIENCE"科研范式下的科研组织形式和技术支持环境还在不断丰富和优化，笔者水平有限，书中难免存在疏漏之处，敬请读者谅解和指正。

陈凯泉
2020 年 2 月

目　录

第一章　E-SCIENCE 的发展背景及缘起 …………………………（1）

第二章　E-SCIENCE 科研范式下科研组织的新形态 ……………（6）
　第一节　E-SCIENCE 助推科研组织走向网络化与虚拟化 ……（6）
　第二节　E-SCIENCE 的技术支撑及组织结构 …………………（11）
　第三节　E-SCIENCE 的内部管理 ………………………………（13）

第三章　科研信息化的国际案例分析………………………………（19）
　第一节　E-SCIENCE 的应用案例 ………………………………（20）
　第二节　应用公共网络社区构建科研组织………………………（39）
　第三节　科研信息化中的协同科研平台…………………………（45）
　第四节　案例总结与启示…………………………………………（48）

第四章　E-SCIENCE 科研范式下的组织结构与运行模型 ………（51）
　第一节　科研组织虚拟化的分类考察……………………………（52）
　第二节　E-SCIENCE 的运行绩效影响因素分析 ………………（64）
　第三节　实施信息化科研模式的概念模型………………………（72）

第五章　基于网络的协同科研组织的构建模式……………………（78）
　第一节　基于网络的协同科研组织的构建………………………（79）

第二节　基于网络的协同科研组织中的契约设计……………（86）

第六章　E-SCIENCE 科研范式下科研组织的运行
　　　　　管理及技术支持……………………………………（92）
　第一节　基于网络协同科研组织中的沟通管理……………（93）
　第二节　知识共享管理…………………………………………（97）
　第三节　E-SCIENCE 科研范式下技术支持平台的
　　　　　架构与功能………………………………………（104）

第七章　E-SCIENCE 在中国发展的案例分析………………（111）
　第一节　上海高校 E-研究院的建设概况 ………………（112）
　第二节　上海高校 E-研究院的构建、运行及实践
　　　　　效果………………………………………………（115）
　第三节　中国科学院的 Duckling 和科研在线平台………（125）

第八章　中国实施科研信息化所面临的困境及对策…………（128）
　第一节　制约中国构建与运行网络化协同科研组织的
　　　　　主要因素…………………………………………（129）
　第二节　构建与运行网络化协同科研组织的策略选择……（136）

第九章　总结与展望…………………………………………（145）
　第一节　总　结………………………………………………（145）
　第二节　展　望………………………………………………（148）

参考文献……………………………………………………（150）

附　录………………………………………………………（168）

第 一 章

E-SCIENCE 的发展背景及缘起

发轫于20世纪40年代的信息革命，不断变革人类生产、生活的方方面面。经济的全球化、信息的网络化已经成为一个普遍的现实，人类已真切地生活在信息社会中。在科学研究过程中，如同"显微镜打开微观世界的大门，天文望远镜把人们的视野引向广袤的宇宙"（桂文庄，2007），信息通信技术（Information Communication Technology，ICT）作为一项颠覆性的技术（Christensen C. M，2013），引发了知识生产的方法、组织模式、学术评价等方面的巨大变化。正如著名计算机科学家、图灵奖获得者吉姆·格雷（Jim Gray）在2007年所指出的，在信息时代，历史学家成为了科学家，科学家成为档案管理专家和资源存储者，基于网络、数据和计算资源的数据密集型的新型科研范式正在形成，吉姆·格雷把这种范式称为科学研究的第四范式。

信息时代给知识生产模式带来了一系列的变化，在工具层面，如高效的电子化文档编辑工具、精准的数据采集工具、便捷的多媒体通信工具在科学研究中被广泛采用。在科研环境上，信息通信技术为科研工作者提供了迅速获得学术资源的数据库和搜索平台，研究资料的获取、知识的发现与发表都变得高效快捷。基于此背景，英国于20世纪末率先提出E-SCIENCE的概念，英国研究理事会时任科学技术办公室主任John Taylor于1999年提出E-SCIENCE，代指信息时代科学研究的新形态。John Taylor指出E-SCIENCE是在重要科学领域中的全球性合作以及使这种合作成为可能的下一代基础设施（南凯，2006）。英国国家 E-SCIENCE 中心下的定义是：E-SCIENCE 是指大科学发展背景下所日益增加的分布式全球协作，这种科学协作的一个典型特征是科学家能进入大规模大容量的数据库和数字资源网络以及高性能的可视系统。基础设施与协作是迄今为止对 E-SCIENCE 的定义中被广泛认同的两个基本构成要素。中文表达中的科研信息化（江绵恒，2002；桂文庄，2007；褚鸣，2009），其内涵与 E-SCIENCE 并没有实质差异，是在中文语境下对基于网络信息技术的科学研究环境、科研工具、科研组织形式的概括与总结。科研信息化引发了科研数据的生产、存储、共享、交流等各环节的根本性的变化，为大规模的科研协作、共享式的科研进步提供了可能。

E-SCIENCE 的概念一经提出，其重大意义和价值就被世界各国高度重视，随之，美国、日本、欧盟、韩国及中国等都开展了新型科研基础设施平台的建设，以推进国家科技事业的发展。其中，美国国家科学基金会（NSF）在《21 世纪科学研究的信息化基础设施》报告中明确提出"在未来，美国科学和工程上的国际领先地位将越来越取决于在数字化科学数据的优势，取决于通过成熟的数据挖掘、集成、分析与可视化工具将其转换成信息和知识的能力"（NSF，2007）。为此，美国圣地亚哥超级计算中心（SDSC）提出他们之后关注的焦点是数据导向型科学与工程研究。这需要超过 100PB 的数据存储系统，保存时间超过 100 年，支持数十个大学和科研机构进行数据密集型的数值模拟和分析研究的计算能力（NSF，2007）。最早于 2005 年，中国国家自然科学基金委员会曾制订了"以网络为基础的科学活动环境研究"重大研究计划，部署了《计算化学 E-SCIENCE 研究与示范应用》和《网络环境下抗禽流感病毒 H5N1 药物的大规模虚拟筛选研究》两个重点项目，这是我国对 E-SCIENCE 理念的成功尝试。

当前，迅速发展的科研信息化及新型科研范式的形成正在深刻地影响着知识的生产与科学研究的组织。正如物理学家海森堡所说，

"科学扎根于交流,起源于讨论",飞速发展的信息技术使得科学研究者、实验与观察设备、计算工具密切地连接在一起,交流和讨论变得异常便捷,已经有大量的案例可以证明,信息技术支撑下协同工作的科研环境可以支撑基于网络的协同科研组织的形成,能消除时空的限制,能有效促进科研活动中的共享、合作与交流,有效的分布式虚拟组织能集合互补的专业知识、分布的信息、天文台、计算机资源和其他的独特设施,虚拟组织不仅能用于支持知识产出,也能学习和快速应对突发事件。

从20世纪90年代末至今,围绕基于网络的协同科研组织这种新型的科研模式和科研组织形式,国外开展了大量的实践探索。英国以其电子化基础设施(e-Infrastructure)为信息技术支撑,诸多研究理事会推动或资助了面向各个学科的基于网络的协同科研组织建设,其中尤以联合信息系统委员会(Joint Information System Committee,以下简称JISC)所资助的系列虚拟研究环境(Virtual Research Environment,以下简称VRE)建设项目成果显著,以这些VRE为支撑平台,英国在大学、著名实验室形成了一批高效运行的基于网络的协同科研组织。美国依靠其强大的网络信息技术构建起了以TearGrid、Open Science Grid(OSG)为代表的科研网格,在大学里建起了一系列成功的基于网络的协同科研组织,如美国麻省理工学院(MIT)的CSBI,以普渡大学(Purdue University)为核心的六所大学组建的nanoHUB,还有新加坡南洋理工大学与MIT合建的SMA(Singapore MIT Alliance)等。欧盟的德国、法国、荷兰等国家也在应用基于网络的协同科研组织的形式升级或新建本国及欧盟内部的科研组织。基于网络的协同科研组织已然成为欧美发达国家学术组织创新的重要选择。

面对科研信息化的飞速发展及基于网络的协同科研组织的形成,中国把应用信息技术变革科研模式和科研组织已写入中国的教育信息化纲领性文件。中国《教育信息化十年发展规划(2011—2020年)》中三次提到高校科学研究的信息化与数字化。按照该规划,中国在 2020 年可构建起方便易用的数字化科研协作支撑平台，提供交流、合作、管理与服务一体化的信息化研究环境，促进高校、科研院所、企业科技教育资源共享，支持跨学科、跨领域的科研与教学相结合团队的协同工作，推动高校创新科研组织模式与方法。但与欧美发达国家在基于网络的协同科研组织实践上的蓬勃发展形成鲜明对照的是，中国大学对基于网络的协同科研组织的实践却乏善可陈。为数不多的实践案例中有上海市教委从 2002 年起建立的 E-研究院（E-Institute），以网络信息技术连接上海市各高校科研力量，在计算机、数学、生物学等学科建立基于网络的协同科研组织，并且取得一定成效。还有西安交通大学的企业战略与群体决策虚拟研究中心、中国教育部科技与发展中心在 2012 年牵头成立的"互联网应用创新开放平台联盟"（IIU），以及武汉大学自 2007 年开始建设的 DragonLab 科研创新平台都尝试应用协同科研平台支撑基于网络的协同科研组织的发展。

在国内外开展对基于网络的协同科研组织深入实践的同时，欧盟、美国也对基于网络的协同科研组织的运行效果开展了持续的评估研究。比较典型的是欧盟 2006—2008 年开展了一次对基于网络的协同科研组织开展人文社会科学科研实践的大规模调查（Accelerating Transition to Virtual Research Organization in Social Science，以下称为欧盟就基于网络的协同科研组织的实施效果的调查）。美国在推动建设基于网络的协同科研组织和虚拟研究环境的同时，在国家科学基金会（NSF）的信息基础设施办公室（Office of CyberInfrastructure，OCI）内设了一个专门的研究小组对基于网络的协同科研组织的运行情况进行跟踪和效果评估，并部署了一个《作为社会技术系统的虚拟组织》的研究专项（Virtual Organizations as Sociotechnical Systems，以下简称美国 NSF 的 VOSS），迄今为止已经资助立项了 57 项课题，研究基于网络的协同科研组织的信任形成、公众参与、资金吸纳、权益分配及科研信息安全等课题。欧盟与美国 NSF 就基于网络的协同科研组织所做的专项研究报告都显示，与传统的科研组织形式相比，基于网络的协同科研组织具有较高的灵活性和资源利用率，且突破了传统科研组织的边界藩篱，可以有效地整合研究成员的学术特长。

著名管理学家德鲁克在1998年就曾指出，创新即是用知识生产新知识，不是民间所说的"灵感"，也不是孤单的个体干得最出色，创新需要系统的努力和高度科学的组织。信息时代的科研是置身于全球背景下的科学研究，研究群体不再只是所在的研究机构、所处的学科等传统归属，而是围绕某一个研究课题的全球同行，只有让自身一开始的研究就置于全球同行的关注之下，才能产生出高质量的研究成果。诚然，学术社交网络的形成不能全部依赖网络，通过电子邮件或者其他网络社交工具开始的人际关系是一种相对不稳固的社交关系。在网络社区、虚拟空间中的交流不能完全代替实体物理空间的交流，应借助学术会议、面对面的交流等传统形式让学者之间的交流变得更为亲切真实，这样学者间的信任才有望达成。虽然在网络空间，精英科学家无暇与普通学者开展充分的交流，但作为学生、科学研究的初入门者、普通科学家如果不能积极主动地参与到基于网络的学术交流中，那只会与精英科学家的距离拉得更大。

第二章

E-SCIENCE 科研范式下科研组织的新形态

第一节　E-SCIENCE 助推科研组织走向网络化与虚拟化

一　"虚拟组织"概念对科研组织变革的冲击

"虚拟组织"一词由肯尼思·普瑞斯（Kenneth Preiss）、史蒂文·L.戈德曼（Steven L. Goldman）、罗杰·N.内格尔（Roger N. Nagel）三人在1991年编写的一份重要报告——《21世纪制造型企业战略》（*21st century manufacturing enterprise strategy*）中首先提出，该报告提出虚拟组织能突破时空的限制，使组织内各成员间最大限度地模糊组织间的边界，虚拟组织的结构主要采取扁平化的模式，组织成员具有共同的目标，主要采用动态联盟的方式实现核心能力和资源的互补共享。

基于虚拟组织的概念与设计思想，2006年3月，英国科研与创新办公室基于网络的协同科研组织专题研究小组对基于网络的协同科研组织作了如下定义和描述：基于网络的协同科研组织是指由分散在不同地区但可通过使用信息技术共同开展研究工作的一些研究人员所组成的团体（褚鸣，2009）。与英国不同的是，美国国家科学基金会（NSF）采取了一种描述性的定义，在NSF于2006年发布的《21世纪科学研究的信息化基础设施》中，基于网络的协同科研组织被描述为面向分布式的研究团体，团体成员在地理上是分散的，是研究个体与研究团队的组合，研究团体建立于能集中或者分布式提供资源与实时访问服务的网络信息基础设施之上，科学与工程研究人员可以摆脱时空限制实现共同学习与协同研究。《21世纪科学研究的信息化基础设施》指出基于网络的协同科研组织可以是合作实验室（collaboratory）、网格社区（grid community）、科学网关（science gateway）和科学门户（science portal）等等各种实现形式。

国内学者黄艳娟（2011）在研究中采用了虚拟研究社区的表述形式，虚拟研究社区是指由分散在不同地区但可通过使用虚拟研究环境协同开展研究工作的一些研究人员所组成的团体。褚鸣（2009）认为在基于网络的协同科研组织中，研究人员可以协同工作、相互交流、共享资源、利用远程访问计算机和其他设备并形成科研成果，就好像他们所需要的资源都处于同一地点。一个基于网络的协同科研组织能够应对不同学科间不同的研究方法和文化方面的差异。无论研究团队是开放参与还是私立封闭，是正规还是非正规，是有组织框架还是无组织框架，基于网络的协同科研组织都能使其有效地工作，并根据研究进程的阶段和特性主动进行变换。基于网络的协同科研组织有自己的工具，确认潜在的合作者，与资助机构的人员互动以及创建与企业的联系。访问基于网络的协同科研组织一般是通过访问研究人员个人的虚拟研究环境来进行的。董鹏刚等（2005）认为高校虚拟研究中心是一种新型的R&D创新模式，其实质就是借助现代快速网络技术，以高校为虚拟联盟核心，与其他科研院所、企业研发部门等建立广泛合作关系，实现科技创新活动的结合。董鹏刚等认为，根据目标对象的不同，高校虚拟研究中心可以在内部成立阶段性或长期性的研究单元，以适应激烈的市场竞争环境。董鹏刚等把虚拟研究单元分为三类：①基于项目的虚拟研究单元；②基于技术、产品的虚拟研究单元；③基于咨询服务的虚拟研究单元。崔振等（2009）使用虚拟研究院（Virtual Research Institute，VRI）的表述方式，认为虚拟研究院采用政府支持和协调下的产学研合作模式，是通过网络把所需要的分布在各地的各类资源（包括企业、高校、科研院所、专家、产品最终用户等）联结在一起的一种动态联盟，是将虚拟组织概念渗透于科研机构所形成的一种研发新模式。崔振等认为虚拟研究院的健康发展有赖于三个方面：一是必须具备灵活多样的组织形式和规章制度基础；二是必须提供丰富、公开而强大的信息资源支撑；三是必须构建便捷的操作平台。

从上述文献研究可以看出，基于网络的协同科研组织常常和虚拟研究团队、虚拟研究社区、虚拟学术社区等概念交织在一起。基于网络的协同科研组织强调在组织成员交流方面信息技术特别是网络技术的使用及由此带来的分工协作、与传统组织间有模糊的边界等（王英俊，2006）。虚拟研究团队被视为是为了共同的研究目标、基于信息技术协同工作的群体（龚志周、王重鸣，2004），虚拟研究社区或学术社区则被定义为是一个基于信息技术支持的网络社区，核心是参与者之间的互动，并且在参与者之间形成一种社会关系（王飞绒、龚建立、柴晋颖，2007）。基于网络的协同科研组织内的成员间关系显然也是一种基于技术协同工作的群体，并且基于网络形成一种互动的社会关系。根据理查德·L.达芙特（2011）在其第10版《组织理论与设计》对组织的解释，组织是由人及其相互之间的关系构成的，当人们之间相互作用以完成实现目标的基本活动时，组织就存在了。

二 虚拟化研究组织的特征

基于网络的协同科研组织这一概念涵盖了在大学及科研院所以学术研究为主旨的虚拟研究团队、虚拟科研团队、虚拟研究社区、虚拟学术社区、虚拟研究中心、虚拟研发组织等多种科研组织形式。基于网络的协同科研组织是应用虚拟组织的概念和设计思想，把不同的研究者或者研究集体通过信息技术连接在一起形成的研究团队，组织成员具有普遍接受的共同的研究目标，能把自己的核心资源与优势与其他成员共享，组织成员间的等级制度弱化，具有强大的信息技术平台来支撑交流讨论与知识共建。基于网络的协同科研组织在支撑技术、资源保障、组织构型、运行模式等方面表现为以下几个特征。

1. 以计算机网络通信技术为支撑。基于网络的协同科研组织所依赖的基础是网络通信、数据库等技术，如果没有这些强大的信息技术，科研数据无法实现存储与共享。对科研资源的交互与整合是 E-SCIENCE 的典型特征，基于网络的协同科研组织的信息技术支撑平台必须能有效地支撑对科研资源的交互与整合。

2. 以契约制度规范的科研资源共享为基础。在 E-SCIENCE 时代，依赖于对科研数据资源的整合能力进行科学研究已经成为主要的科研方法，基于网络的协同科研组织的成立主要基于各成员对资源的贡献，然后所有研究者可以获得尽可能丰富的科研资源，组织成员间科研资源的共享是基于网络的协同科研组织成功运作的基础。这最大限度地避免了各方因为获取资源能力的限制而影响科研工作的进行。

3. 组织结构网络化。借助信息技术的便利，不管是单个研究组织的虚拟化，还是多个组织的虚拟联盟，基于网络平台，组织成员的交流是无缝的链接，信息的交流是横向的，而非传统科层化体制下的纵向信息流动。组织结构的网络化带来虚拟组织的柔性化解散或者重组，组织对外界的反应会更为灵敏，达到资源配置的最优化。

4. 研究团队发挥各自核心优势、围绕知识创新的核心目标，科研工作并行展开。E-SCIENCE 推进了共享式的科研进步模式，但协同创新仍然以协作各方核心能力的发挥为基础，并在各方开展科研工作的同时密切交流，这样可以有效提高科研工作的效率。

三 科研组织虚拟化的优势与风险

在优势方面，徐若梅、王硕归纳诸多学者的研究，认为基于网络的协同科研组织的优势主要表现在 8 个方面（徐若梅、王硕，2006）：①有利于资源共享，提高资源利用率。②有利于弥补研发经费的不足，减少研发风险。③实现增值效应，获得技术创新的规模经济效益。④有利于实现优势互补，提高我国科技创新能力。⑤有利于高校技术人才的培养和技术创新能力的培育。⑥缩短创新时间。⑦有利于优化科研系统内的竞争结构。⑧有利于促进技术扩散，加快产业技术进步。周景泰、席晓莺（2005）和刘璇华等人（2002）认为基于网络的协同科研组织较之传统组织的优势主要在于组织构成优势、管理创新优势和规模效益优势。组织构成优势是指只要能够形成优势互补，不管所在单位与地域，只要能"为我所用"就可以实现联合。管理创新优势是指基于网络的协同科研组织的扁平化形态缩短了信息通道，加快了信息交流，能及时捕获最新的学术进展。规模效益优势是指基于网络的协同科研组织中的研发活动能并行开展，能短时间调用大量的学术资源。

在风险方面，徐若梅、王硕（2006）认为基于网络的协同科研组织的风险主要体现在技术知识产权风险与管理协作风险。知识产权风险主要是因为研究成果一般体现为无形的知识、专利、标准、流程等，这不同于生产有形的产品或者服务，很难对无形的研发成果做出产权归属。管理协作风险主要是合作成员间的信任、协作能力与沟通问题，信任是协作的前提（刘志刚，2002），信任体现为合作成员对基于网络的协同科研组织的归属感，沟通障碍主要体现为不同成员所在实体组织的文化、学术价值观互相差异悬殊，很容易导致沟通障碍、管理失控和合作瓦解。若不同成员所属的机构类型不同，合作成员中既有来自大学的，也有来自工业界和政府机构的，文化的差异更为突出。王英俊等（2004）认为基于网络的协同科研组织中的学术交流与协作首先是一种知识转移机制。按照知识的分类，知识可分为显性知识与隐性知识。现有技术平台很容易实现显性知识的交流，但隐性知识却很难共享。所以，作为潜在风险之一，基于网络的协同科研组织的交流协作容易停留于表面化，无法实现深层次的学术会谈，无法达成隐性知识的转移与共享，但隐性知识的共享正是协同创新的关键所在。

第二节　E-SCIENCE 的技术支撑及组织结构

一　科研信息化所提供的技术支撑

E-SCIENCE 的技术支撑常被指代为虚拟研究环境，国内外对于虚拟研究环境并没有统一的定义，使用的词汇也不一样，褚鸣在研究中发现，美国的研究人员通常用 Collaborations with Cyberinfrastructure 表示虚拟研究环境，而英国通常用 Virtual Research Environments 表示虚拟研究环境。英国联合信息系统委员会在 2004 年开始建设 VRE 项目建设之际，把 VRE 定位于帮助各学科的研究者完成日趋复杂的研究任务，VRE 应能够提供丰富的学术资源，能满足研究者对研究过程中灵活性和适应性的需求。

从广义上来讲，虚拟研究环境是建立在支持协作的信息基础之上的。支持协作的信息技术工具的研究始于 20 世纪 80 年代中期的计算机支持的协同工作（Computer Supported Cooperative Work，CSCW）。基于协作技术的协同科研环境主要依赖于 CSCW 的理论和技术。传统的交流协作模式建立在正式的但并不频繁的面对面会议上，EMAIL、会议论坛（Forum）、即时通信（Instant Message，IM）等电子化方式主要是文档资料的传递和互阅。文档传递加 IM 中的语音通信和视频会议是传统合作者所期待的交流协作，但 CSCW 绝不停留于此，而是要达到同步操作和共享应用程序。虚拟研究环境应该提供一种借助操作网络浏览器就能实现对科研数据、科研工具自由访问的接口，通过这个接口还能实现汇集学术同行、合作人员的学术特长，研究人员能组建起围绕特定研究主题的虚拟团队，能协同发布高质量的研究成果（王小黎，2011）。虚拟研究环境可以是可视化的协同研究软件，也可以是一个独立的网站、学术社区等。围绕这个软件、网站，各方研究者开展交流、协作（陈凯泉，2014）。从这点上来讲，只有虚拟研究环境搭建起来，并且有各方成员在这个环境中合作开展研究,依托于虚拟研究环境的基于网络的协同科研组织才得以形成。

Fraste M(2008)对虚拟研究环境给出了描述性定义,虚拟研究环境可以改善科研合作的流程,能在科研合作中有效管理科研任务,一般会提供诸如编辑、通讯等网络工具,能提供支持知识生产所需要的数据资料、讨论空间。这种描述性定义能更为确切地表述虚拟研究环境的功能设置。但Wilson等研究者(2007)建议,VRE的使用者必须被确认为是合法进入才能开展协作活动,作为开展松散学术讨论和解答疑难问题的咨询社区还不能被看作是真正意义的虚拟研究环境,因此,如果把所有能够支持学术讨论、科研协作的社区、平台及客户端等都视为虚拟研究环境就有失宽泛。

实践中,虚拟研究环境有很多种不同的表述方式,具体有以下几种:Wilkins-Diehr等人(2007)提出的科学网关(Science Gateway),Wulf(2013)提出的协作者(Collaboratories),Candela等人(2011)提出的数字图书馆(Digital Libraries),还有Snowdon等人(2004)提出的内置式信息空间(Inhabited Information Spaces)。国外关于虚拟研究环境比较著名的项目有Integrative Biology VRE、Building a Virtual Research Environment for the Humanities(BVREH)、SAKAI VRE Demonstrator Project(Yang X, Allan R., 2007)、myExperiment(De Roure D., 2007)等。

二 科研组织网络化的结构形态

按照骆品亮等人(2002)的研究,科研组织网络化后表现为两类形态:第一类是单个研发组织无形化,即某机构通过网络和通信技术把分散在不同地点的技术资源连接起来形成的研发组织,比较典型的案例是麻省理工学院(MIT)的计算机系统生物学创新工程(CSBI)、斯坦福大学的BIO-X计划,还有耐克公司把生产工厂销售渠道的外包(Outsourcing),把公司的研发、生产、销售通过网络连接在一起,实现了虚拟化运营;第二类是应用网络信息技术并以契约、协议等为基础整合多个独立企业、大学、研究所的研发资源，构成一个基于网络的协同科研组织。如国内上海市教委从 2003 年开始在上海部分高校实施的 E-研究院（E-Institute）建设计划，新加坡国立大学和南洋理工大学两所高校与麻省理工学院合作组建的 SMA 联盟，还有聚焦于纳米研究、教育与合作的纳米中心 nanoHUB 等。徐若梅、王硕（2006）归纳诸多学者的研究，提出了 5 种类型的基于网络的协同科研组织组成形式：①大学与科研院所或大学间、科研院所间组成的虚拟研究中心；②大学之间联合组建的基于网络的协同科研组织；③大学与企业所组成的基于网络的协同科研组织；④跨国虚拟研究中心；⑤单主体基于网络的协同科研组织。

第三节　E-SCIENCE 的内部管理

一　E-SCIENCE 对科研组织中成员选择与信任管理构成挑战

董鹏刚等（2005）认为高校虚拟研究中心的核心主体根据自身资源禀赋和目标要求来选择合作对象，确定通过哪些研发组织的引入来进行弥补整合。只要是能产生互补性或竞争合作性外部资源的拥有者，都有可能成为合作伙伴。成功的高校虚拟研究中心在很大程度上取决于对合作伙伴的正确评价和选择。首先，高校虚拟研究中心的核心主体要建立一套合作伙伴评价和选择系统，主要考虑合作伙伴的核心能力、资源状况、管理水平、人员素质、地理位置、以往的合作行为及信用情况等。评价和选择的方法可采用多因素模糊层次评价法、基于人工神经网络的评价法等。其次，要强调合作过程是一个自主自愿、双向选择的过程。

王晓红等（2011）认为虚拟科技创新团队是一种跨地域、时间和组织边界的新兴科学研究组织形式，是科研活动复杂化、交叉集成化和网络信息时代下的产物。成员选择是虚拟科技创新团队构建和运行的基础性问题，成员选择本质上是科技人才的评价问题。王晓红等针对虚拟科技创新团队的特征和需求以个体能力、协同能力和匹配适应程度三个维度构建评价指标体系，运用可拓学的物元方法建立了多级可拓综合评价模型，为虚拟科技创新团队的成员选择提供了一种决策方法。

邹薇（2008）认为对基于网络的协同科研组织的管理应特别做好两个方面，一是建立信任关系，邹薇认为信任的建立和维系是虚拟团队管理的核心问题，相互信任是虚拟团队运作的基础。团队对成员的信任其实是一种信心，即对成员能力的信心以及对他们忠诚于团队目标的信心。在团队中建立信任关系，意味着成员承认团体，团队充分认可、接受和尊重成员个体的知识、技能、行为、文化、信仰等，同时要具有强烈的产权保护意识。二是建立有效的激励和约束机制。邹薇认为科研虚拟团队的运作，仅仅依靠信任关系的维系是不够的，还必须建立起有效的激励与约束机制，以调动成员的积极性，减少冲突、规避成员的道德风险。

二 需分析网络环境下研究人员的行为特征以提升协作水平

Bo-Jen Chen 和 I-Hsien Ting（2013）应用社交网络工具分析了虚拟研究社区中研究者互相建立关注的过程。该研究用社会网络分析和可视化技术分析了中国台湾地区的一个虚拟研究社区中用户间的关联，发现经过长时间的积累，社区中会形成一批关键用户（Key Users），这些关键用户是学术资源的集散点，这些关键用户能为社区的活跃、社区成员间信任感的建立起到决定性的作用。Da-liang Zhang 和 Yuan-yi Zhang（2013）所做的研究中，对虚拟研究环境中激励用户的创新行为从激励对象、语境因素等方面做了分析，认为虚拟研究环境促成了一个研究团队的形成，如果作为新手能受到前辈或者优秀研究人员的关注与鼓励，则新手能更积极地寻求研究资源，能更活跃地表达学术观点。

Juan Luo（2013）着重探讨了在虚拟研究社区中如何激励研究者更多地参与学术讨论，提出了激励的三个阶段：第一个阶段在于让研究社区中的领导者或者关键用户能主动对研究者做出关注；第二个阶段是抛出研究问题请研究者参与其中；第三个阶段是为研究者的参与在社区中做出宣传。Marilyn 和 Allen 等几位计算机专家（2007）就基于网络的协同科研组织中跨越时区的交流问题开展了实证研究。这个研究组织由分处两个不同时区的研究团队构成，一个团队的任务是软件开发，另一个团队是对开发出的软件进行测试，两个团队时区跨越超过 12 个小时，黑白颠倒的时间安排使这两个团队在组织平台上的异步交流举步维艰，最终是两个团队折衷选择在同一个时间进行同步交流。该研究显示，在工程研发的虚拟合作中，同步交流比异步交流更为重要。

Soto 和 Vizcaino 等人（2009）提出了在虚拟研究团队中合作成员间的信任模型，认为信任是基于一致价值观的前提下的成员聚集，参与、分享、开放的学术价值观被视为虚拟研究团队的文化基础，该研究把信任分为短时信任（Short-time trust）与长时信任（Long-time trust），认为只有在一致学术价值观的引领下，信任才能从短时信任转化为长时信任。Mc William（2012）的研究指出，信任在促进成员对基于网络的协同科研组织的归属感方面作用巨大，在基于网络的协同科研组织的构建之初，应综合运用多种沟通方式使组织成员建立快速信任，然后在运行过程中要通过信任建立起组织成员之间的默契感。Mc William 认为协作能力主要起因于信息技术操作水平太差或者信任度太低，表现为合作效益低下，研究进度一再推迟，所需经费持续增加。

来自芬兰的学者 Leinonen 等人（2005）提出创建全球化研究团队的概念，而这个团队必须要基于网络信息技术形成基于网络的协同科研组织，并且组织成员必须要有极高的协作意识。该项研究基于连续三个月的跟踪，调查了基于网络的协同科研组织中成员的协作意识水平，认为协作意识首先来自于组织成员对协作可能性的坚定认识，然后是对共同研究目标能够达成的信心，最后是在协作过程中必须维持足够的信任等级。Mora Valentin 等人（2004）就虚拟实验室、虚拟社区、虚拟团队等各类基于网络的协同科研组织中影响协作成功度的因素进行了理论探讨和实证考察，提出基于网络的协同科研组织中的成功来自合作伙伴间的相互信任与尊重、良好的个人关系，要有简单的合作协议，要对彼此能力有明确而真实的了解。Weck（2006）的研究则把协作的成功归功于组织的创建者、发起人要有高度的责任感和领导能力，应使研究的议程保持足够的清晰和透明，并就研究的进度对合作成员实施监控。

根据欧盟 AVROSS 调查、美国 NSF 的 VOSS 研究专项及上述三个方面的理论研究，可以看出国外尤其是欧美发达国家对基于网络的协同科研组织的研究的实践基础非常丰厚，应用效果的评估、虚拟空间内的行为特征分析及信任模型的设计都有基于网络的协同科研组织实例的支撑。从上述研究还可以看出，国外在对基于网络的协同科研组织开展丰富实践的同时也在对基于网络的协同科研组织面临的特殊挑战密切关注。组织成员的信息技术水平是影响基于网络的协同科研组织绩效的一个重要维度。Hornbrook 和 Richard 等人的研究都体现出由于医疗研究人员信息技术水平有限，协同会诊工具不能被正常使用。法国研究者构建的虚拟实验室 VRL-KCIP 运行中显示出人文社科领域研究者在基于网络协同研究方面需要接受系统的技术培训。但在提升研究者信息技术水平的同时，也需注意支撑协同研究的技术支持环境是否充分考虑到了研究者的真实需要，是否在设计开发过程中有过与研究人员的充分沟通。就如 Krishnar 所做研究中显示的那样，该虚拟团队的技术支持环境上有丰富的交流工具，但电子邮件仍被视为最广泛使用、最有效的协作工具。基于网络协同研究需要的不是复杂、花哨的工具，而是与研究者日常工作应用结合最紧密、又最为他们熟悉的工具。

国外研究对于基于网络的协同科研组织中的科研行为开展了细致入微的考察，Bo-Jen Chen 和 I-Hsien Ting 的研究提出"关键用户"的概念，该研究显示关键用户能为社区的活跃、社区成员间信任感的建立起到决定性的作用。Da-liang Zhang 和 Yuan-yi Zhang 则把组织中优秀研究人员对新手的鼓励、关注作为提升组织活跃度的重要措施，但这项措施得以实施的前提是优秀研究人员有对新手鼓励和关注的意愿，因为实践中精英科学家倾向于在与其学术地位相同或者更高层次的研究者中寻找交流者、合作者。国外研究高度重视信任在基于网络的协同科研组织中的巨大作用，Soto 和 Vizcaíno 提出了信任的分类和建设阶段，Mc William 则提出以加强信任来提升组织成员的归属感，Mora Valentin 提出以建立合作协议的方式来规范和约束组织成员的行为。

三　需探究形成新的知识管理机制

徐杨（2010）分析了基于网络的协同科研组织的知识共享管理，认为有效的知识共享管理模式可以带来良好的组织文化，增强组织活力。在分析虚拟组织的特点及其知识粒度的基础上，徐杨提出了包括知识共享与知识创造两套机制在内的知识共享管理模式，结合国外成功案例，论证了虚拟组织中知识共享管理的必要性和有效性。

牛亮云（2010）初步分析了虚拟研发组织的知识流动与整合机制，认为相互交流实现了隐性知识的流动，契约制度规范了知识流动的道德风险，对基于网络的协同科研组织中知识流动体系的研究重点应该包括三方面：①基于网络的组织知识流动过程中的道德风险分析，应系统分析知识流动过程中可能存在的机会主义行为，才能防患于未然。②虚拟研发组织内部的知识转移激励机制设计。设计一个结合委托代理理论和动态合约理论的有效的知识转移机制，激励成员愿意与联盟内部其他的成员分享知识。③对联盟内部的知识安全问题亦值得多加研究。其中主要包括：一是客观上组织内部的网络安全体系，其中涉及网络安全认证及相关技术。二是主观上组织内部的成员保密意识，要防止成员为打击合作伙伴而泄漏合作伙伴的私有知识。

王晓红、张宝生两位学者合作发表了四篇研究虚拟科技创新团队知识共享与管理的论文。文献《虚拟科技创新团队内部知识流动能力影响因素研究》（王晓红、张宝生，2010）分析了其知识流动机制，指出虚拟科技创新团队的知识流动分为宏观、微观两个层次，并在此基础上系统地研究了影响其内部知识流动能力的因素，提出了知识特性、主体因素、交互因素和情境因素四个维度。文献《虚拟科技创新团队知识流动过程和方式研究》（王晓红、张宝生，2010）分析了知识流动内循环、外循环和基于节点的知识流动过程，并提出基于任务、技术、关系、管理、经济、人员和行为的七种知识流动方式。文献《虚拟科技创新团队知识流动意愿影响因素实证研究——基于知识网络分析框架》（张宝生、王晓红，2012）认为成员的知识流动意愿是团队知识流动水平和合作创新绩效的主要影响因素之一，构建了包括制度机制、网络氛围、节点特征以及网络结构4个关键影响因素的理论模型，选取我国东北三省多所高校内有代表性的24个具有虚拟性质的科技创新团队为实证研究对象，运用结构方程模型对理论模型进行了分析和验证。文献《虚拟科技创新团队知识转移稳定性研究——基于演化博弈视角》（张宝生、王晓红，2011）运用演化博弈论的方法，将转移效应、制度因素、成本损失等影响知识转移的主要因素作为研究问题的关注角度，以知识转移效用函数为切入点，对虚拟科技创新团队知识转移的条件进行分析，系统研究了团队内部知识转移的稳定性、持续性以及演化趋势。

第 三 章

科研信息化的国际案例分析

全世界科研信息化的飞速发展为基于网络的协同科研组织的建设提供了强大的技术支撑,从 1999 年起,就有学者提出了信息技术支撑下科研组织虚拟化的构想,对基于网络的协同科研组织的实践探索也正以蓬勃之势迅速发展,尤其是美国、英国和欧盟,现在已经建立了一批成功运作的基于网络的协同科研组织,形成了一批成熟的虚拟研究社区。

专业化的、功能齐全的协同科研平台是构建与运行基于网络的协同科研组织的基础保障,CSBI 运行在由麻省理工学院自主设计开发的协同科研平台上,新西兰奥塔哥大学的 CICERO 购置了美国 elliptics 公司开发的支撑部署 web2.0 应用程序的网络平台 Webcrossing 系统。此外,有的基于网络的协同科研组织是建立在由多家机构合作建设的协同科研平台上,如由美国国家科学基金会资助,由 6 所大学协同建设的美国纳米科学与技术网 NCN,以及由欧盟资助建设的欧洲网格基础设施 EGI,这两大平台允许研究人员在这个平台上创设虚拟研究团队,形成基于网络的协同科研组织。

但也有一些基于网络的协同科研组织是在公共社区上运作,如大量的 QQ 学术社群同样具备基于网络的协同科研组织的基本特征,同时公共学术社区也能支撑虚拟团队的创建,如著名的 Research Gate 研究社区和 eldis Communities,这两个社区主要是发展个体研究人员之间的学术互联，基于共同的学术兴趣，研究人员能自主建构可以长期存在的虚拟研究团队，或者是通过先预设研究课题，后招募研究人员的方式，建立起面向具体研究课题的临时性虚拟研究团队。

本章根据基于网络的协同科研组织依托平台的不同，分别基于合作平台和基于公共学术社区两类介绍国外基于网络的协同科研组织的构建与运行实践，并选择了四个虚拟研究环境案例分析它们的设计开发理念与功能设置。

第一节　E-SCIENCE 的应用案例

一　美国麻省理工学院的 CSBI

基于 19 世纪末期生物化学的发展和 20 世纪中期分子生物学的革命性进步，生命科学正进入到革命性的大发展时期。自 2003 年 1 月开始实施的麻省理工学院 CSBI（Computational and Systems Biology Initiative）项目为系统生物模型的建构做着开辟性工作。

CSBI 的建设者认为生物学研究必须依靠多学科的研究团队和复杂的技术，连接来自生物学、工程科学和计算机领域的专家创造一个跨学科的、多视角的研究团队从而能够有效分析复杂的生物现象，并且把研究生和博士后科研人员置于科学研究的一线，而使用网络信息技术这项颠覆性技术，工业界与学术界就能紧密合作搭建系统生物学研究的虚拟社区。CSBI 相信对新想法和数据的访问是推进系统生物学发展的基础，为了保证知识的传播，CSBI 倡导科学家打造开放的科研平台和开源的科研软件，使学术研究人员和工业领域的研发者能协同开展研究，并能创设开源的网络课件以促进系统生物学方面教育资源的传播。

正是基于以上理念，CSBI 把该组织的研究模型（Research Model）设定为把研究所需要的人力资源、设施设备、实验室都保留在了原来的场地或者学术实体，然后应用网络信息技术把这些资源有效地连接起来，既体现学术管理中的分布化本质特征，又要实现研究所需要的大规模和集中化。CSBI 设定了三方面的工作任务：研究、教育和对外拓展服务。图 3—1 所示是展示于 CSBI 网站上的组织任务图。

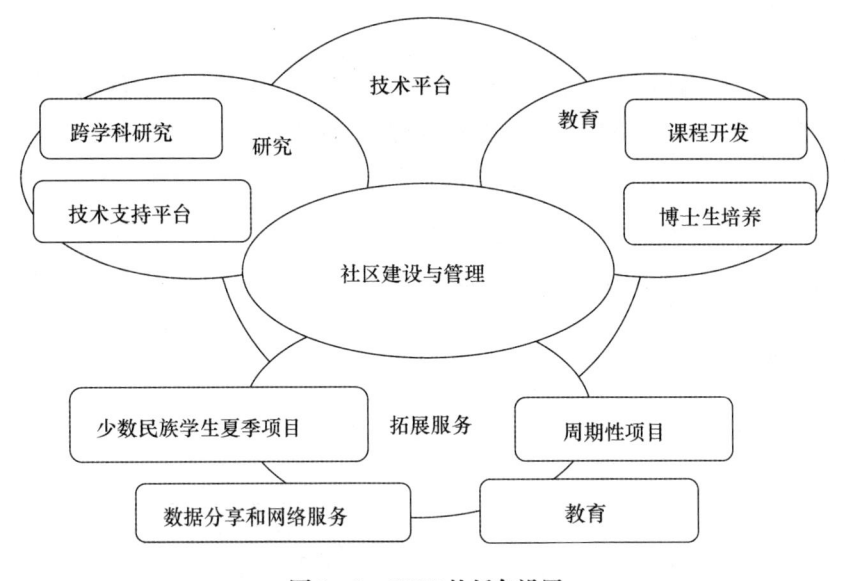

图 3—1　CSBI 的任务设置

CSBI 的研究任务具体包含两个方面：①发展研究方法和研发设备，用系统和精确的手段测量生物分子的生化属性；②为生物分子间的互动行为建立数学模型。CSBI 集成了来自广泛领域的研究人员，基因组学、蛋白质组学、计算机科学等领域的专业技术人员之间形成了密切的合作。

在教育方面，CSBI 把教育任务设定为系统生物学领域的课程开发和博士生培养，CSBI 教育目标的核心是培养系统生物学领域这个交叉学科的博士，使他们毕业后能独立开展这个领域的跨学科研究。

在对外拓展服务（outreach）方面，CSBI 开展了两方面的工作：①CSBI 让经济贫困的学生接受系统生物学教育，并鼓励这些学生参与 CSBI 的研究活动；②CSBI 通过开展学术讲座和研讨会等形式将该组织的最新研究成果展示给更多的研究人员，与学术界和工业界保持密切交流与合作，以此推动 CSBI 的每项研究成果都能有效发挥出应有的作用，包括实现经济效益。

（一）组织构建

CSBI 的成功取决于该组织能把不同技能、不同学科视角、不同实验技术的人员组织在一起形成跨学科团队，这种团队各领域结合的特点促使广泛的研究者能实现个人的愿望和学术理想。CSBI 的核心管理人员是由 6 人构成的执行委员会，分别是学术副校长、理学院院长、工程学院院长、计算机系主任、生物系主任、生物工程学系主任。这个 6 人执行委员会与各实体学院的关系如图 3—2 所示。

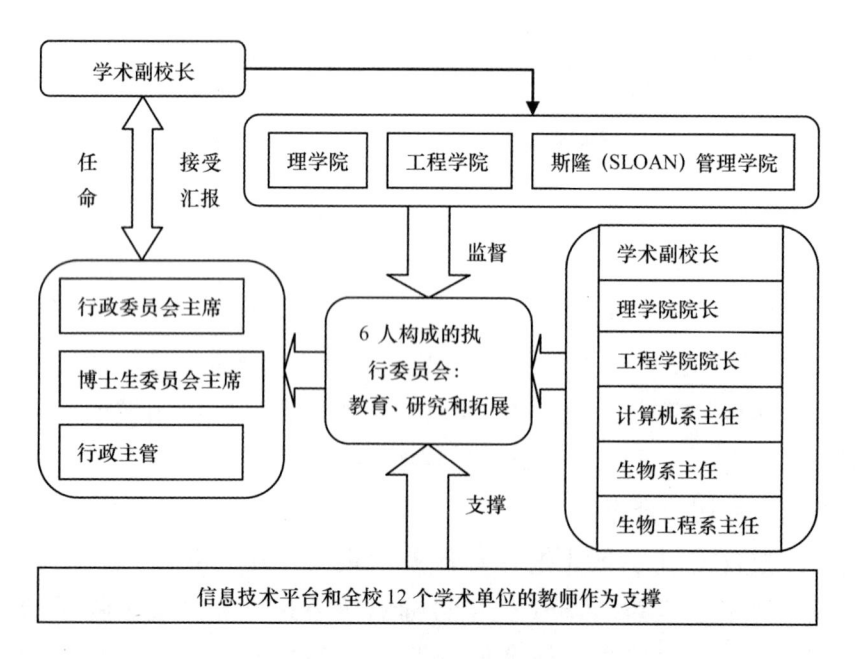

图 3—2　CSBI 的管理架构

从 CSBI 的官方网站上能看到，该学术组织所倡导的多学科参与体现得非常明显，人员选择上采用推荐与自由申请制相结合。每位进入到该组织的成员都要与执行委员会签订契约，契约内容对参与者的行为做出了以下四个方面限定：①要积极参与组织的社区讨论和面对面交流活动；②基于平台资源开展研究形成的成果发表时署名要注明 CSBI；③一旦发现以窃取数据资料为目的参与组织合作将被立即驱离，并要视情况追究责任；④要积极向平台贡献资源。

截至 2015 年 2 月，CSBI 有生物工程领域的学者 16 人，化学工程方面的专家 7 人，健康科学与技术方面的学者 5 人，化学领域的学者 7 人，材料科学与工程方面的专家 4 人，生物学方面的专家 23 人，生物材料与工程实验室有 1 人，脑科学及认知科学方面的专家 6 人，环境工程领域的专家 5 人，电子和计算机科学方面的专家 26 人，机械工程方面的专家 7 人，媒体艺术与科学方面的专家 1 人，物理学方面还有 2 位专家。多学科专家的自由组合形成了一系列的研究小组和四个较大的合作研究群。

（二）运行实践

1. 综合运用线上交流与线下交流推进深度沟通

多学科合作研究必然存在诸多挑战，如每个学科原本的研究文化不同，合作起来会产生文化上的差异，必须采取措施融合、包容不同的学科文化并形成新的学术组织文化。CSBI 在长期发展过程中建设起了丰富的沟通机制，既有基于网络的社区讨论，也有一系列线下交流（熊华军，2005）。如表 3—1 所示是一些较为固定的面对面交流活动，这些面对面的活动都是为了促进学生与学生之间，及广泛的研究人员之间的密切交流与讨论。

表 3—1　　　　　　　　　CSBI 的面对面交流活动

时间	名称	活动主题
每年1月份	座谈会（Symposium）	主要讨论系统生物学领域的最新研究进展及未来研究方向
每年秋天	联谊会（Retreat）	为 CSBI 全体员工举行的会议，是自由的交流与讨论
春秋两季	研讨会（Seminars）	就跨学科研究所面临的问题召开专题研讨，目的是促进学科的交叉与融合
每个月	学生研讨会（Students Seminars）	由在 CSBI 接受教育的所有研究生自己组织召开，讨论话题不受限制，研讨会结束后会举行午餐会

此外，在与不同类型的组织之间的合作中也面临文化上的冲突，如纯粹的学术研究机构与企业之间的价值冲突，但好在 MIT 长期以来与企业保持了密切的合作关系，这些冲突的解决并不是非常困难，CSBI 最终能实现一些高质量的学术成果向市场产品的有效转化，并且在这种合作的过程中 CSBI 高效完成了经费筹措，获得了大量的经费支持。这些支持包括三个方面：来自联邦政府和州政府的拨款、与企业的合作经费、私人捐赠，其中联邦政府的捐款主要来自国家卫生研究院（NIH）。当然，CSBI 的 6 人执行委员会在争取经费支持方面功绩卓著。

2. 以契约约束与知识库建设促进知识共享

CSBI 把建立高效的知识管理机制作为该组织持续发展的重要内容，该组织的执行委员会（Executive Communittee）遵循积累、共享和交流的知识管理三原则，采取了如下三方面促进知识共享的措施。

（1）在系统平台上建构知识库，把各种数据资料、成熟的模型和方法等显性知识归档存储。该知识库的管理不同于一般的文档管理，资料的存储形式既有普通的文本格式，也有视音频格式，尤其把虚拟社区讨论和面对面交流过程中的内容都保存下来，如从当前 CSBI 的网站中依然可以查阅到近 10 年内 CSBI 召开研讨会（Seminars）的记录。

(2）通过合作契约的形式约定 CSBI 的参与者向平台积极共享资源。为了确保每个 CSBI 的参与者都能积极向平台贡献资源，CSBI 与所有参与到该组织的成员都签订合作契约，契约明文规定所有研究人员必须第一时间第一地点将记载的数据交到技术平台中心，而且，研究人员必须定期在技术平台上发布他们的研究资料和研究结果。这就是说，每个研究人员在毫无保留贡献自己研究资源的同时，也充分占有他人的研究成果（熊华军，2005）。

（3）以交流促进知识库被应用、检视和更新。CSBI 把知识库视为该组织的宝贵资产，但对这些资产的使用又坚持了开放共享的原则。如基于身份认证技术，与该组织有合作的所有科研机构、企业等都可以进入到知识库获取资源，这样一方面扩大了 CSBI 在相关领域的影响力，另一方面让这些知识接受应用和检视，促进隐性知识向显性知识的转化，知识库得以不断更新。

（三）技术支持

在技术平台方面，CSBI 的主要建设目标之一是健壮、稳定、功能便捷齐全的信息技术平台，这个平台使研究者访问复杂技术有了可能。CSBI 设置了几项对建设合作研究社区至关重要的技术，设置了专门的技术开发中心从事技术开发，多学科的研究合作群体通过这个技术平台使用计算资源甚至一些实验设备。为了保证研究者能应用这些复杂的计算资源和实验设备，这个平台要提供对设备远程访问的手段，及一系列的计算工具。CSBI 作为技术使能或者技术驱动的研究，要为研究者方便地访问这些工具和数据提供便捷的接口。CSBI 在与其他组织的合作过程中，也在不断说服其他组织能开放他们的研究设备，能实现不同研究机构之间的科研数据共享。在技术支撑平台建设方面，CSBI 与 IBM 公司保持着密切的合作，IBM 为 CSBI 提供了基于网格的基础架构来支撑系统生物学方面的研究，这个技术平台在提供高性能计算和处理非结构性科研数据方面表现优异。

（四）运行效果与影响

麻省理工学院的 CSBI 从 2003 年开始至今已经持续开展了十几年，其在提升科研产出、教育模式创新方面的作用已经得到充分体现。四类合作研究群在人员组织、资源整合方面进入了良性运转，并且建构起了面向全校生物、物理和化学学科师生应用的七类生物物理仪器设备（Biophysical Instrumentation Facility，BIF）。当前，CSBI 的执行委员会仍在不间断寻找新的研究项目和建设新的研究群体，使工业界与学术界紧密合作搭建起系统生物学研究的虚拟社区。

特别值得一提的是，四类合作研究群中与新加坡合作的组织生物学研究中心是新加坡麻省理工学院合作联盟（SMA）的一个研究子项目，SMA 利用网络技术实现麻省理工学院与全球教育研究机构合作的虚拟联盟，不仅支持跨越时空的研究合作，而且还开展研究生层面的合作教育，参与到 SMA 的博士研究生有可能获得联合培养的博士学位。CSBI 建立了该学术组织的专属设备，如由 Dr. Barbara Imperiali 建立、设于麻省理工学院科赫生物学大楼（Koch Biology Building）的用于大分子结构研究的设备，这些设备被化学、生物学和生物工程学等方面的大量专家使用，同时参与到该组织的很多校外合作者也获得授权使用该设备。

通过 CSBI，麻省理工学院开发成功一组系统生物学方面的课程，使参与到 CSBI 的研究与教育中的学生成为新型科学家的后备军，也有望培养出一批杰出的生物工程师。CSBI 所倡导的开放、开源的理念把对系统生物学的研究拓展到十几个学科领域和广泛的学生群体，来自麻省理工学院及其他大学、工业界的研究人员聚集在这个技术支撑平台上实现科研创新。CSBI 不仅积极地与其他研究机构之间进行数据分享，而且通过开展大量的培训与合作项目，如面向少数民族和妇女的短期培训，卓有成效地推动了生物、工程和计算机三个方面的教育，在本科生、硕士研究生和博士研究生及博士后等学生培养方面设置了丰富的项目，培养方式上注重基础课设置与学术社区建设（Community-building）并重，在课程内容建设上，力图打通多学科间的障碍，打造系统生物学特有的知识基础。

（五）案例总结

CSBI 从 2003 年发展至今十余年，一直保持着旺盛的活力，该网站平台几经改版，平台上的信息也在持续更新，这个案例在有关基于网络的协同科研组织的文献中被广泛引用（Olson G. M., 2008；Candela L., 2013；NSF, 2013）。CSBI 在团队组建及运行方面的有效管理是其实现良好绩效的关键。

首先，在团队构建方面，CSBI 以自由申请与个人推荐相结合的方式进行成员吸纳，当然每个加盟成员所提供信息必须为真实信息，且加盟之时必须与 CSBI 签订协议，一方面要认同 CSBI 在系统生物学领域的研究目标，要能够选择出自己感兴趣的研究团队；另一方面是第一时间把研究资料和研究成果提交到网站平台，用这一机制保障组织成员能与组织、与其他成员实现知识共享。

其次，在运行过程中，CSBI 对线上交流与线下交流保持同样的重视程度，其网站平台上有一个对个人线上交流行为的记录与查询功能，CSBI 的管理者据此能看出组织成员在组织内的活跃度。而线下交流方面所约定的固定时间论坛、讨论会使得组织成员之间不仅仅停留于虚拟空间的交流，Deepwell（2009）通过研究发现，随着越来越多地使用网络，面对面交流的频次和深度就会降低，这不符合人的自然属性，会拉大研究人员之间的距离。CSBI 综合运用线上与线下交流的机制设计保障了组织成员深度沟通的达成。

二 新西兰奥塔哥大学的 CICERO

在新西兰奥塔哥大学（University of Otago），临床医疗的教育与研究工作成员分散在新西兰很多地方，这对于创建一个结构化、组织稳定的跨学科研究组织构成挑战。比较简便的一个解决方案就是通过网络把这些成员连接起来，虽然这种连接可能是非正式的，但网络社区为成员提供了进行反思和协作的平台，成员根据角色与任务通过自组织的模式建立起连接，就可以保证每个人在做适合自己的事情时能与群体建立融洽的合作关系。新西兰奥塔哥大学跨学科临床教育科研协作组织（Collaboration for Interprofessional Clinical Education Research at Otago，CICERO）正是在此背景下形成的（Richardson B.，Cooper N.，2013）。

在2009年，新西兰奥塔哥大学虚拟研究社区的雏形就已经形成，因为社区内的成员来自新西兰的很多城市、很多不同的学科，并且他们当中既有全职工作人员，也有兼职人员，这个研究社区的成员极为复杂。研究社区内的成员被鼓励积极地向其他成员分享他们的经验、知识和研究进展，后来该社区建立起了一个包含有84名成员的邮件列表，形成了奥塔哥跨学科临床教育科研协作组织（CICERO）。该组织的发展经验表明，如果合作成员从社区中能够获得对自己有价值的东西，就会积极参与社区活动并且做出贡献，相反，如果无法获得有价值的东西，就会主动离开该社区。

（一）组织构建

CICERO的持续健康运行主要通过设定明确的研究项目来招募合作成员，此项措施能让参与者非常清晰地认识到参与到这个组织自己能够获得什么。在上述研究平台上，参与到每个研究小组的成员都可以向其他小组的成员发出邀请，请他们也参与到本研究小组。同时，这个研究平台上还成立了一个特殊的研究小组，该小组由6名管理者构成，这个研究小组负责设置与调整研究项目，并完成招募、审核与辞退合作成员等工作。

（二）运行实践

不同于CSBI，CICERO对成员的管理较为松散，该组织的平台上其实是诸多虚拟研究团队的组合，且每个虚拟团队与另外的虚拟团队都可能存在着人员交叉。在日常运行过程中，没有人负责召集团队成员面对面地展开交流，团队成员的学术交往行为很少受到限制和强制性约束。但是，每个加盟到CICERO的成员初始就与组织签订了一个资源分享的协议，要求这些参与者把诊治患者的过程信息，甚至包括手术录像还有跟踪研究的数据提交到组织平台上来。

正是因为一直缺乏对成员学术交往行为的管理机制，CICERO 的管理者也对成员在虚拟空间中的表现保持着一定程度上的担忧，为此，CICERO 的 6 人管理小组曾对参与到该组织的 36 名成员发起过一个对基于网络信息技术开展科研协作所持态度的问卷调查，调查结果如表 3—2 所示。

表 3—2　　　　　对基于网络信息技术开展科研协作的态度

陈述	非常同意	同意	既不同意也不反对	不同意	非常不同意
我对互联网非常了解	20%	65%	5%	10%	0%
我是互联网上的活跃者	40%	55%	0%	5%	0%
我认为互联网是支持科研协作的好工具	20%	55%	25%	0%	0%
我用互联网是为了与同事开展科研协作	5%	35%	40%	10%	10%
学会如何使用互联网更好地与同事开展科研协作很有必要	30%	50%	20%	0%	0%

引自：Richardson, B., N. Cooper, 2013, "Developing a Virtual Interdisciplinary Research Community in Higher Education", *Journal of Interprofessional Care*, Vol. 17, No. 2, p. 173.

该调查显示，在与同事间建立连接方面，这 36 名成员中有 14% 的成员有 6—13 个连接；有 27% 的成员有 1—5 个连接；其他成员即 59% 的人没有与其他同事建立连接。这个研究平台上共建立了 15 个研究小组，平均每个小组有 3.8 名成员加入。CICERO 的 6 人管理小组在对所有成员在网络平台上的行为进行分析后发现，绝大部分行为都是浏览（Visit）和资源下载（File Download），有些合作成员反映，这种基于网络的协作可能只是一个美好的愿望。在对这 36 名合作成员在网站上一天的行为进行分析后发现，visit 行为有 3164 项，post 行为仅有 624 项，浏览行为数量近 6 倍于资源分享行为的数量。

该调查也反映出，使用网站的人员认为 CICERO 的技术支持环境还应提供更多的资源，这样可以加大对合作成员的吸引力，网站工具的设计应充分考虑科研用户的使用习惯。

（三）技术支持

CICERO 选择美国 elliptics 公司开发的 Webcrossing 系统作为该组织技术支撑平台的核心部分。这个系统是以用户为中心的，而不是以信息为中心的，具备基本的文档管理和交互工具，并且能很好地集成其他的网络服务。这个系统允许用户参加到一系列的活动中，包括讨论、分享资源和数据（sharing resources and data）、安排科研活动进程（scheduling activities）、分享研究期刊和网络连接、协作性的观点开发（Collaborative idea development）和协同写作（coauthoring）等。

（四）运行效果与影响

奥塔哥大学跨学科临床教育科研协作组织（CICERO）对于新西兰的医疗研究起到巨大的带动和示范作用。自从 2011 年该组织稳定下来以后，从最初的 84 名成员发展到现在 1000 余名医生和医药研究人员参与其中，成为广大新西兰医学研究人员提交医疗问题、寻获学术同行的重要平台。

（五）案例总结与启示

CICERO 发展至今 10 年有余，组织规模不断扩大，人员从最初的 84 人发展到现在的 1000 余人，按研究项目招募人员及在不同研究小组间交叉邀请提升了该虚拟组织的活力，但组织成员的知识分享意识和组织成员间的沟通水平仍然有待提高。

第一，按研究项目招募的方式为所有进入到该组织的成员明确了研究目标和研究任务。该组织在发展之初的 6 人管理小组并未采用这种方式开展人员聚集，当时主要延续传统实体组织中的协作，但随着组织的发展，没有明确的研究项目就使得本有意参加该组织的人员觉得茫然，参与组织的积极性受到抑制。这与基于网络的协同科研组织优势分析中的"任务分工源于生成而非预设"不同，对该案例深入分析又可发现，该组织的参与者中有大量的临床医生，要解决日常医疗工作中的问题是他们参与该基于网络的协同科研组织的主要目的，每个参与者基本上都是带着问题参与到组织中来的，也只有找到了适于解决他们问题的研究项目和研究小组时他们才会积极参与组织活动，因此研究任务是预设形成的。从这点上而言，基于网络的协同科研组织不仅仅支撑在讨论交流中生成新的研究课题，而且支持对预设研究问题的解决。

第二，CICERO 不同研究小组间的交叉邀请颇为值得借鉴，这种团队构建的方式在其他基于网络的协同科研组织中并不多见。交叉邀请使得一个成员同时可以作为多个研究小组的成员，促进了从一个组织到其他组织的知识流动，每个研究者的学术交往范围也得到拓展。从基于网络的协同科研组织管理者的视角来看，观察到每个参与者参与的不同研究小组即能发现该成员的研究兴趣，便于对组织参与者的分类管理和知识推送。

第三，CICERO 的 6 人管理小组通过对组织成员基于网络信息技术开展科研协作所持态度的问卷调查反映出组织成员的资源分享行为及对他人的关注、连接仍然较少，这也印证了在前述文献分析中所反映的基于网络的协同科研组织普遍存在的问题。基于网络的协同科研组织需要综合采取多种措施增加成员的知识分享行为，并应借助多种沟通方式增加与强化组织成员间的联系。

三 美国纳米科学与技术领域的基于网络的协同科研组织 nano-HUB

2002 年 9 月，在美国国家科学基金会的支持下，由普渡大学、加州大学伯克利分校、西北大学、伊利诺伊大学厄巴纳—香槟分校、弗吉尼亚大学、得克萨斯大学阿尔帕索分校六所大学组建了美国国家纳米技术计划（National Nanotechnology Initative）大学网络，nano-HUB（www. nanohub. org）是这个大学网络的门户网站，该网站上不断刊载纳米技术研究的文献，被部署的研究仿真工具也越来越多，成为联系纳米科学与技术研究者的重要平台。

nanoHUB 网站上部署的仿真工具超过 320 个，这些仿真工具可以直接在 web 浏览器窗口上运行，但其背后有复杂的网络基础设施所建构起来的复杂的科学计算云，这个计算云运行在普渡大学的很多个服务器上，这个计算云的利用率非常高，99% 的时间都在运转着。信息、能源、医学、生物工程等多个学科都从它们的学科需求开展纳米科学与技术的研究，而对这个领域的研究现在对建模与仿真高度依赖，基于 nanoHUB 网站，每个学科都建立了数个基于网络的协同科研组织，并充分利用网站上的模拟仿真工具开展协同研究。

（一）组织构建

由普渡大学、加州大学伯克利分校、西北大学、伊利诺伊大学厄巴纳—香槟分校、弗吉尼亚大学、德克萨斯大学阿尔帕索分校六所大学各自派出的教授代表构成了 nanoHUB 网站的管理委员会，该委员会主要负责为网站运行筹措经费、审核发布重要的学术资源、监管各学科研究者在该网站上的学术行为等。nanHUB 的核心成员是由上述六个大学构成的 NCN（Network for Computational Nanotechnology, NCN），NCN 主要通过 nanoHUB 网站将其他组织、个人联系起来，形成了纳米领域领先的虚拟社区，为国家纳米计划（NNI）服务。

nanoHUB 上的虚拟社区建设之初核心成员作用巨大，他们组织软件开发人员设计了虚拟社区的网站平台，向全国纳米科学与技术领域的专家、教师发出邀请。待网站平台正式运转起来以后，核心成员指派了专门的管理人员对 NCN 继续维护与管理。但 nanoHUB 的管理者并非仅有核心成员，为了更好地获取资源和扩大影响力，nanoHUB 也吸纳合作成员（郑忠伟、李文、孔寒冰，2010），合作成员是指与 NCN 在资源共享、科研项目等方面有合作的组织和研究个体，这些组织和个体为 nanoHUB 带来了更为丰富和优质的资源。在 nanoHUB 的各个研究小组中的成员被视为一般成员，他们主要是在

nanoHUB 共享模拟工具、学习组件、课程等。

（二）运行实践

因为 nanoHUB 是基于美国国家科学基金会的经费资助建立起来的，美国本土的用户注册是完全免费的，nanoHUB 的用户可以登录到网站上运行模拟工具，网站会根据用户的使用情况做出软件使用统计报告，以此向美国国家科学基金会做出汇报。nanoHUB 网站每年的用户超过 280000 名，大量的计算科学家、实验专家、教育者和学生从 4200 项网站资源中获益，而这些资源又是由超过 1000 个不同的学术组织或者个人贡献的，这些资源的贡献者同时也是资源的最大受益者。nanoHUB 不仅是资源的分享空间，还是供以讨论和扩展学术社交网络的实践社区。一些论文和实验数据在正式发表之前，都可以预发布在这个网站上，让来自全球的学者对论文与数据做出检验与批评，现在看来这种检验与批评在助力个人学术增长方面是非常宝贵的。nanoHUB 通过与科研数据库的连接，能呈现出学者论文的被引用情况，帮助研究人员迅速找到与自己研究有交集的学者。从 nanoHUB 上的一些虚拟研究团队（Virtual Team）所发布的通告中可以看到，这些团队也在自发地开展面对面的交流活动，但并不是像 CSBI 那样有固定时间的组织交流活动。

（三）技术支持

nanoHUB 的运行基于计算纳米技术网络 NCN。这个网络平台提供了有关纳米科学与技术的数据库、中间件及各种可以紧跟纳米科学和纳米技术发展步伐的模拟仿真工具，且这些工具都是来自参与到 nanoHUB 上的组织成员的贡献，nanoHUB 上的科学家来自包括普渡大学在内的 9 个大学的科学家，他们应用纳米技术的领域非常广泛，包括电子学、机械工程学、生物科学、光子学和材料科学等，当然他们的研究通常也会获得来自联邦政府或者企业界的经费资助。

（四）运行效果与影响

NCN 作为一个基础设施和研究网络，目的是使所有研究者能够在使用模拟与仿真工具上可以紧跟纳米科学与纳米技术的发展步伐。据 nanoHUB 的管理者通过对众多权威科研数据库的统计分析，仅 2014 年，对 nanoHUB 上分析工具的引用已经超过 1000 次。强大图形用户界面的使用模糊了研究和教育之间的区别，最初被用来作为模拟仿真工具中的很多后来都被应用到了纳米科学技术的教学当中。特别需要值得一提的是，nanoHUB 所提供的平台不仅发布传统的数据和论文，还把学者研究出来的各种建模仿真工具作为学术成果，为研究者扩大学术影响，为研究生寻找工作提供了更多机会。作为教师，在 NCN 平台上能充分展示自己的教学、科研履历，并能把自己的研究计划向同行做出说明，以求寻得合作研究人员，当然也能找到自己想参与的研究群组，并且教师能在 NCN 平台上获得非常丰富的教学工具。

（五）案例总结

nanoHUB 中虚拟研究团队的形成完全是自发的，nanoHUB 的核心成员仅起到了基础资源供应和 NCN 平台维护的作用，但 nanoHUB 之所以能够从 2002 年至今保持持续繁荣，究其原因在于 nanoHUB 从资源聚合的角度实现了人员的汇聚。

nanoHUB 依赖 NCN 平台聚集了来自全美从事纳米科学与技术研究的教师、研究人员和学生。nanoHUB 是多个虚拟研究小组的集合，每个小组成员贡献的资源都被纳入到 nanoHUB 的资源库中，所以说 nanoHUB 是依赖虚拟空间聚合学术资源的典型，也正因为这些资源的存在，nanoHUB 不仅支撑了学术研究和知识共享，而且成为了优秀的传播纳米科技知识的平台，从这点而言，nanoHUB 实现了从基于网络的协同科研组织向教学研究一体化平台的转型。

nanoHUB 在资源聚合上的重要启示不仅仅在于能够促成每个组织成员的分享行为，而且为成员的学术成果提供了发布、接受评论的虚拟空间。传统纸质期刊论文审阅、修改反馈的周期一般较长，而借助该平台组织成员能够让自己的学术成果获得及早展示，虽然不是在有刊号的正规刊物上发表，但这种展示也使学术成果得到传播和评价，非常有助于成果质量的提升。所以说，基于网络的协同科研组织绝非只是简单的支撑研究者做研究资料的传递与互换，而且从服务知识生产全流程的视角提供技术支撑。

四 欧洲网格基础设施 EGI 支撑的多学科基于网络的协同科研组织

于 2010 年 9 月开始启用的 EGI（European Grid Infrastructure，欧洲网格基础设施）为国际化的科学协作提供了强大的信息技术支撑平台。EGI 平台为科研团队提供了较为稳定的网络基础设施、计算资源，云存储空间还有一大批科学研究使用的中间件。但与 nano-HUB、CICERO 及前述的 CSBI 不同，EGI 并未提供对学术文献的访问，科研团队在基于与 EGI 达成谅解备忘录的基础上，可以在 EGI 上部署基于网络的协同科研组织，建设虚拟研究社区。

（一）组织构建

EGI 上的基于网络的协同科研组织作为一种自组织的研究社区，允许每个研究成员在网络平台上为自己设立一个账户，能清晰地表征自己的研究兴趣和研究领域，并能展示自己的研究成果，当然在一个网络平台上的研究成员可以不仅参加一个基于网络的协同科研组织。EGI 会在与其合作的研究组织之间建立一个谅解备忘录，并且要求参与到虚拟研究社区的成员之间也建立一个谅解备忘录，以保证合作成员是在获得授权的前提下访问彼此的软件、数据库，图 3—3 是 EGI 的架构与运作模式图。

（二）运行实践

EGI 认为基于网络的协同科研组织是一批具有相似研究兴趣和研究需求的研究人员所组成的群体，不管他们身处何地，他们都能互相协同工作，互相分享数据、软件、专业知识与技能、计算资源和存储空间等。为了能够利用欧洲网格基础设施提供的计算资源，研究人员必须参与到一个虚拟组织中，每个协同科研组织根据他们的研究目标独立地管理他们的成员列表。

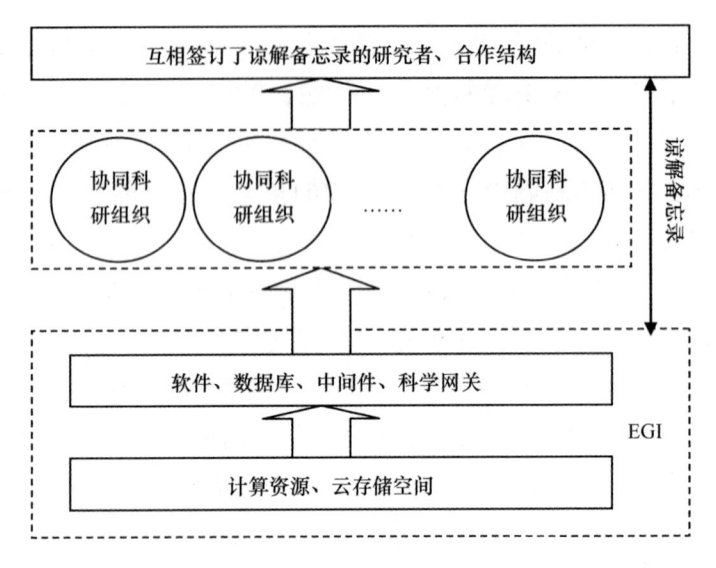

图 3—3　EGI 的架构与运作模式

EGI 上的每个研究组织在注册形成之时都有实体研究组织作为支撑，每个独立的基于网络的协同科研组织组建起来以后，EGI 并不负责任何的管理，但欧洲网格基础设施 EGI 提供支持、服务和工具以确保协同科研组织能获得尽量丰富的研究资源，每个基于网络的协同科研组织独立管理、自主运行。

（三）技术支持

EGI 为应用这个社区的研究成员、合作机构提供软件、数据库、中间件、科学网关等各类服务，在吸引众多研究成员和合作机构使用这个社区的同时，这些用户也为 EGI 的发展提出新的要求与建议，用户驱动型（consumer-driven）的平台发展模式推动着 EGI 提供更好的服务。

（四）运行效果与影响

截至 2014 年 9 月，欧洲网格基础设施的平台上已经有 154 个基于网络的协同科研组织，研究领域涉及地球科学、计算科学和数学、核聚变、生命科学和高能物理等，如表 3—4 所示。

表 3—4　　欧洲网格基础设施平台上的协同科研组织概况

学科	基于网络的协同科研组织数量
工程与技术	21
医学和健康科学	97
农业科学	4
社会科学	9
人文艺术学科	11
其他综合性研究	12

这 154 个基于网络的协同科研组织有如下几个较为典型，所聚集的研究人员都在 200 人以上，组织成员的活动比较活跃。

（1）结构生物学基于网络的协同科研组织（WeNMR-A worldwide e-Infrastructure for NMR and structural biology）：WeNMR 把来自全球的结构生物学和生命科学研究领域的一批学者汇聚在一个虚拟研究社区中，聚焦于分子层面的核磁共振和 X 射线小角散射研究。

（2）生命科学网格社区（LSGC-The LifE-SCIENCE Grid Community）：生命科学网格社区主要涵盖以下科学领域，生物信息学、基因组学、生物样本库、医学成像、统计分析和系统生物学、虚拟生理人等。这个研究社区的成员来自大学和工业领域，还有为生命科学研究提供研究工具的计算机互联网公司。

（3）水文气象研究社区（HMRC-Hydro-Meteorology Research Community）：这个研究社区主要是对水分平衡、降雨统计等方面开展研究。这个研究社区的成员来自水文气象学、气候学家、水文学者及气象预报人员。

（4）全球大型强子对撞机计算网格（Worldwide LHC Computing Grid，WLCG）：WLCG 是把大型强子对撞机所产生的数据进行分发、存储和分析。在应用网格技术方面，WlCG 现在已经成为一个成熟的研究社区。

(5) 语言学研究社区（CLARIN-Common Language Resources and Technology Infrastructure）：CLARIN 是把语言学研究的资源进行汇集，从而整合现有散乱的关于语言学研究的资源，提供一个稳定、持久、可访问、可扩展的电子化人文研究社区。

(6) 艺术与人文数字化研究社区（DARIAH - Digital Research Infrastructure for the Arts and Humanities）：DARIAH 主要是为了增强在艺术与人文领域研究的数字化应用的广度和深度。

欧洲网格基础设施上的虚拟研究社区（EGI）现在已经在全世界产生广泛影响，在 2014 年的 3 月 26 日，中国科学院的高能物理所（IHEP）与 EGI 签署了合作备忘录，EGI 为 IHEP 提供基于网络的协同科研组织运行的网格基础和计算服务，IHEP 遵守 EGI 所规定的网络安全操作协议及知识产权保密规定，高能物理所的研究人员能充分利用 EGI 平台所提供的计算资源，能在上面建立基于网络的协同科研组织。在合作备忘录中，中国高能物理所表示希望通过该平台能够实现与欧洲高能物理研究的同行长期而持久的合作，并产生更多的科研成果。

(五) 案例总结与启示

EGI 作为规模较大的协同科研平台在全球科技界产生了较好的示范价值，欧美发达国家有大学或者学会也推动建设了一批支持特定学科、仅限于某些大学或者研究机构加入的协同科研平台（详见附录一）。这些平台的功能定位不同，有的是专注于论文、数据的分析，有的是支持科研工作流的分享，有的是支持科研人员协同编辑学术论文，但与 EGI 一样，每个平台都支持参与其中的研究人员自主组建虚拟研究团队。

EGI 不同于 nanoHUB，它所提供的基础平台包含有功能强大的计算资源和海量的数据存储空间，这是吸引全球多国学术组织及研究人员到该平台上建设虚拟研究团队的核心所在，在 EGI 平台上的研究团队数量不断增加，研究人员规模不断加大，其背后是研究者对 EGI 平台的信赖。不止于此，EGI 以谅解备忘的形式在成员与组织以及成员与成员之间建构起了信任机制，谅解备忘录把组织成员、组织的权利与责任做了限定，组织成员不管来自于哪个国家或哪个学术组织，他/她的信息在组织内是完全透明的，有助于组织成员之间开展基于信任的深度沟通。

第二节 应用公共网络社区构建科研组织

一 ResearchGATE

作为公共学术社区的典型，ResearchGATE 是由 Ijad Madisch 博士、S. ren Hofmayer 博士和信息学家 Horst Fickenscher 于 2008 年 5 月创办的全球性科学研究互动平台。截至 2020 年 1 月，ResearchGATE 已拥有 150 万名注册会员，来自全球 192 个国家和地区。该平台是全球最大的学者社交网站之一，在这个平台上研究者能彼此看到对方正在开展的研究工作，能够看到自己研究成果被浏览、下载和引用的情况，能向某一研究领域内的全球专家寻求帮助，展示自己的研究特长、展示自己的获奖情况。通过对 ResearchGate 一年多的使用及与国内类似社区的比较，ResearchGATE 在团队组建、技术支持和组织运行方面表现出显著的特色，与中国著名的小木虫学术社区形成鲜明对比。

（一）组织构建

ResearchGate 平台为研究者提供了一个发布、参与课题协作的便捷手段。研究者基于该平台可以发起全球合作者的招募，寻找到潜在的合作者，通过关注领域内的专家，来扩大自己的学术社交网络。基于 ResearchGate，合作成员可以来自全球、来自不同的学科专业领域，在 ResearchGate 上面向全球招募合作者组建围绕某一个研究专题的虚拟研究团队。

（二）运行实践

ResearchGate 提供了由封闭式平台到公共式社交网络平台的自由

切换。因为 ResearchGate 已与各大社交网站签署了可以用 ResearchGate 上的用户名和密码直接登录到 Twitter、Facebook 等公共社交网络的 OAUTH 协议①，交流的渠道不限于在 ResearchGate 平台网站上的一对一交流模式，群体性的协作和讨论可以非常方便地建立起来。

RsearchGate 通过关注（Follow）的方式，使研究者能关注到很多其他研究者，也能让自己被其他研究者关注到，这就让研究者在较短时间内就融入一个学术社交网络中。这种关注与被关注关键在于平台要求每个研究者以实名注册的方式，提供自己的研究成果、研究特长、所在的研究机构等，并且研究者正在做的研究课题、研究者发布的问题、发起的讨论话题（Topics）、共享的出版作品（publications）、共享的学术履历（Shared Profile）、征求的文献题名也被纳入到学者搜索范围。

（三）技术支持

RsearchGate 有一个对科研数据库访问的集成门户，能够访问到全球 1600 多个数据库的论文摘要或者论文全文，该平台与谷歌学术网站实现了连接，用户如果设置了对谷歌学术的搜索选项，在 ResearchGate 平台上进行资源搜索时可自动扩展到谷歌学术。实践科研工作中学者无法搜集到的文献，通过对相似研究领域学者的询问，以私人邮件的形式获取到论文全文，这极大地方便了科研工作者对科研文献的查询工作。并且，ResearchGate 平台上的科研工作者在传递这些文献时，一般都会主动对文献的主题、研究方法、创新与不足等做一些标注，这一定程度上提高了研究人员阅读文献的效率。

（四）运行效果与影响

ResearchGate 的学术影响力在逐渐增加，本研究访谈的学科专

---

① OAUTH 是 Open AUTHorization 的简写。OAUTH 协议为用户资源的授权提供了一个安全、开放且又简易的标准。与以往的授权方式不同之处是 OAUTH 的授权不会使第三方触及用户的账号信息（如用户名与密码），即第三方无须使用用户的用户名与密码就可以申请获得该用户资源的授权，因此 OAUTH 是安全的。

家、协同研究团队成员、平台开发人员中有 70% 表示知晓 ResearchGate 这个虚拟学术社区，更有成员把 ResearchGate 作为与国外学者交流及获取最新外文文献的重要渠道。本研究在对 ResearchGate 网站平台进行使用时，与本单位的很多同事形成相互关注，能看到不断有中国学者加入到这个学术平台，找到了全球关注于基于网络的协同科研组织的一批研究人员，从这个平台上获取到数篇与本研究有关且颇有价值的学术文献。

（五）案例总结

ResearchGate 平台是个实名注册、彻底免费的平台。虽然多数研究者能够支付得起对论文的购买，但如果设置了某种形式的积分制或者收费下载模式，无形中为资源的分享又增加一个障碍。ResearchGate 完全采用免费模式，使研究者的资源搜集、合作者征募变得非常简便，提高了科研效率。分析 ResearchGate 的同时，我们不得不与国内最大的学术社区小木虫作对比。自 2000 年至今，小木虫社区已经有近 20 年的发展历史，积累近 500 万用户，从用户规模上来讲已经超过了 ResearchGate，但从对科研的支撑作用来看，小木虫与 ResearchGate 相去甚远。

第一，小木虫从建立之初至今都没有提供对学术数据库访问的接口，而学术数据库是多数研究者寻找研究选题、搜集文献、做出综述等必须依赖的基础。小木虫社区的组织主要是采取传统的社区模式，成员的详细信息很难被查阅，成员掌握了哪些资源、研究履历、研究特长都不太容易被查询到，通过成员私人间的资料传递也不现实。所以，通过小木虫社区，研究者很难获取到作为开展科学研究基础资料的学术文献。

第二，小木虫的资料分享停留于研究工具、模板文档等方面，并未深入到科学研究的具体工作，表层化的资料分享让学术讨论停留在较为浅显的层面，如基金资助机构的政策走向、期刊杂志的选题标准、课题申请文档的撰写技巧等，都未触及对科研选题的深入讨论，如研究方法、技术路线、数据的可靠性等。

第三，小木虫社区的收费模式一定程度上阻止了用户的参与度。小木虫允许用户通过社区发帖或者贡献资源等方式换取"金币"，但也允许用户通过支付钱款的方式购买"金币"，然后再用"金币"去下载资源。"金币"或者付费的方式都为学术资源的分享带来了一定的阻碍，社区的学术性仍有较大提升空间。

虽然小木虫社区与 ResearchGate 一样都是实名注册，但因为以上三个方面，小木虫社区上的成员主要是研究生或者是入职不久的青年研究人员，年长的或有一定学术影响力的学者非常有限。反观 ResearchGate，资源分享和学术交往的便捷性吸引了大量的成熟研究人员甚至精英科学家，ResearchGate 向用户经常推送关注者与被关注者的最新动向，网站上不断发布最新课题与合作招募信息、最新的学术咨询和讨论话题，更为宝贵的是，基于实名注册所形成的学术信任给 ResearchGate 上的成员带来了较强的归属感和安全感，如此良性循环使得 ResearchGate 对研究人员形成了较好的黏性。

二　eldis Communities

eldis Communities 与 ResearchGate 非常相似，同样是在美国创建并运行的公共学术社区，该社区源于 1995 年由 eldis 小组创建的一个软件开发技术社区。后来该社区得以拓展和功能扩充，原有的技术社区网站独立运行，扩展后的社区支持多个学科的学术资源分享与研究合作。eldis Communities 的建设目标有三个方面：一是为研究者建立大规模合作网络；二是让每位注册用户可以从所属领域的专家那里获得权威的解答；三是希望凭借社区提供的电子出版物和专家团队，能促进研究者的思考与研究实践。

（一）组织构建

eldis Communities 支持用户完全免费注册，网站不允许有任何的商业广告。社区能帮助研究者找到对自己研究的感兴趣者，如果有研究者在这个平台上建立了虚拟研究小组，平台为小组的管理提供资源分享、人员管理、信息发布、协同撰写等各项服务。有些研究小组只是临时性的短暂存在，有些能作为一个长期的研究团队。

（二）运行实践

实践运行中，注册到 eldis 社区上的每个用户都可以创建个人的学术履历，可以控制自己有哪些信息被别人看到，每个注册者都可以作为成员参加到由别人创建的虚拟社区中，当然每个注册者也可以创建自己的研究小组，并且邀请其他人参加进来。研究者还可以把这个社区作为个人学术成果的发布地，这些内容通过谷歌学术搜索都可以搜索到，社区注册用户能经常收到由社区发来的邮件，包括研究小组的进展情况，或者是否有新的学术成果、讨论发布到网站上。

（三）技术支持

在技术支持方面，与 ResearchGate 社区相比，eldis Communities 提供的交互工具比较简单，主要是博客（Blog）和讨论区，博客用于注册用户发布个人的学术进展、研究成果，讨论区用于研究者发布问题，借此获取同行的回答和其他人的评论，在 eldis Communities 的创建者看来，这种回答与评论既是观点的交换也是知识的分享。此外，eldis Communities 还提供了 Calendar（研究日历）和 Filestore（文件存储）两个工具，Calendar 用于向团队成员展示科研进度，Filestore 是个人或者团队文档库。

（四）运行效果与影响

截至 2020 年 1 月，eldis Communities 已储备约 5 万份研究资料，有约 8000 名研究人员在平台上分享知识，研究领域涉及气候变化、环境保护、农业科技、市民社会等数百项研究选题。eldis Communities 的经费主要源自高科技公司的捐赠。eldis Communities 相对于 ResearchGate 及我国的小木虫社区，算是规模比较小的公共学术社区，但在对该社区使用的近一年中我们发现，虽然整个社区没有持续性地吸引大量的用户，但这个学术社区内的虚拟研究团队保持了较高的活跃度。在研究团队的创建者、管理者对该研究社区的反馈中提到,该研究社区所提供的交互工具便捷易用,基于该社区,研究团队的管理者对人员、课题、文档的管理非常高效。

(五)案例总结与启示

eldis Communities 不同于 ResearchGate 的一点是,用户发布到 eldis Communities 上的学术成果可以被谷歌搜索到,而 ResearchGate 仅允许用户把它作为门户查阅科研数据库,但如果没有登录进平台,从外部无法搜索平台内的资源库。eldis Communities 的信息对外公开的特征使得很多用户把该平台作为发布个人学术成果的窗口,这对于该平台吸引用户起到了不小的作用。此外,eldis Communities 业已建立了一个非常清晰的研究团队分类列表,这为每个注册用户迅即找到适合自己的基于网络的协同科研组织带来了便利。

无论是 ResearchGate 还是 eldis Communities,在公共学术社区上建立的基于网络的协同科研组织一般都表现为自组织网状化结构,对组织成员参与组织活动的积极性、自主性提出了更高的要求。同时公共学术社区上的虚拟团队成员对合作者的自我信息展示也尤其重视,为了迎合科研用户的这个需求,eldis Communities 与 ResearchGate 一样,规定平台的注册者必须提供真实信息,在经过身份验证后,提供了真实信息的用户能有机会获得更多优质的学术资源和使用平台上的全部功能。

通过对 eldis Communities 的试用也发现,作为公共学术社区,组织成员参与虚拟组织的主要目的是拓宽学术交往范围、获取文献资料,研究主体间真正意义上的深度会谈比较有限,飞短流长的学术信息传递却非常普遍,在公共学术社区上建立基于网络的协同科研组织要想实现知识共享和知识生产还需增加组织成员间的协同深度,推进浅层沟通走向深度沟通,实现如彼得·圣吉所说的深度会谈。

第三节　科研信息化中的协同科研平台

一　美国加利福尼亚大学的 SciVee

SciVee 是应用 PodCast（播客）技术为虚拟研究环境中的研究者提供知识交流与知识共享的各类工具的一个网站平台（成全、罗栋、张悦，2013），该项目起始于 2007 年，由美国加利福尼亚大学 Phil Bourne 和 Leo Chalupa 两位教授发起创建。SciVee 的设计思想与 YouTube 等视频分享网站比较相似，鼓励研究者在网站平台上分享科研工作流的视频和发布最新的研究成果。

但 SciVee 又不同于 YouTube，该平台对科研工作流视频、学术讲座的音频，包括学术文献与学术报告幻灯片等都进行了属性和类型标注，从而使这些学术资源实现了一种自动化的连接，知识不再是单独呈现，而是成为各种类型资源的组合，使学术交流过程中的知识共享、资源库共建变得更为便捷。资源分享成为学术交流中的一项重要内容，SciVee 在促进资源分享方面为研究人员提供了一个高效快捷的平台，也在短时间内汇集了数量可观的、丰富的学术资源，进而这些资源又吸引了更多的研究者参与到该平台上来进行学术交流，围绕资源而开展的学术讨论和规模大小不等的虚拟研究小组也在平台上逐渐开展和建立起来。在美国，SciVee 对数学、物理学、化学、生物学、医学等学科领域基于网络开展协同研究业已形成一定的支持。

二　英国联合信息系统委员会开发的 VRE

英国联合信息系统委员会（JISC）把 VRE 定义为包含一组在线工具和网络资源，通过互操作技术支持或改善研究机构内或跨研究机构广泛的科研人员开展科学研究活动，英国联合信息系统委员会从 2004 年到 2012 年已资助建设 21 个 VRE 建设项目。JISC 开展对

VRE 建设项目的资助不仅是要形成一些功能齐全、性能稳定的协同科研平台，还力图为 VRE 定义和开发一个通用的架构（南凯等，2008），已经完成建设的 21 个虚拟研究环境中，IBVRE、^{my}Experiment、SAKAI 三个平台获得广泛应用。本研究对 SciVee、IBVRE、^{my}Experiment、SAKAI 及中国科学院的 Duckling 平台和科研在线平台这六个虚拟研究环境的功能进行了梳理，如表 3—5 所示。下面重点分析 JISC 资助的三个平台。

表 3—5   虚拟研究环境的功能汇总

功能＼VRE 案例	SciVee	IBVRE	^{my}Experiment	SAKAI	Duckling 平台	科研在线平台
文档管理	√	√	√	√	√	√
协同撰写		√	√	√		√
文档加密传输	√	√	√	√	√	√
发布通知公告		√	√	√		√
工作日历	√		√	√		√
会议管理		√	√	√		√
研究工具的上传与下载（主要是模拟仿真、科学计算、统计分析软件等）	√	√			√	
科研数据管理		√	√			√
分组管理	√		√			√
课题/项目管理		√	√	√	√	√
归档管理	√	√	√		√	√
用户行为跟踪		√	√	√		√
界面风格设置			√			√
讨论社区	√	√	√	√	√	√
电子邮件					√	
留言与求助	√	√	√	√		√
即时通信						√
音/视频交互	√	√	√			√
分享科研工作流			√	√		

（一）IBVRE

IBVRE（Integrative Biology Virtual Research Environment，集成性生物学虚拟研究环境）项目开发了一个大规模的虚拟研究环境，目的是开发一个用于支持对基因组研究的网站平台。从这个平台上可以看到，该平台提供了如下功能：数据分析（Date analysis）、数据可视化（Data Visualization）、数据存储（Data Warehousing）、项目管理、归档管理、资源搜索等功能。该平台还提供了一个叫作 Admin Tools（管理工具）功能分类，里面主要包含了讨论社区、发布通知公告、留言求助、协同撰写等功能，但不支持即时通讯。这个平台在建设之初着力分类汇总了数量不少的医学研究的科研工作流，作为基础资源分享在了该平台上。IBVRE 主要用于心血管病、癌症等领域的研究。

（二）^{my}Experiment

^{my}Experiment 设置了一个"八卦店"（gossip shop）用于讨论各种科研工作流及相关的科研话题，设置了"集市"（bazaar）用于分享、重用和更改各类科研工作流的用途，还设置了通向其他学术资源库的接口，使得研究者可以轻松访问各类期刊库和公共科研数据库。作为一个支撑科研协作的平台，在 ^{my}Experiment 上可以发起一个科研工作流，不管什么学科领域的专家只要获得发起人的授权都可以参与到这个科研工作流。^{my}Experiment 支持所有加入到这个环境的研究者围绕共同感兴趣的科研主题建立社交网络，使得研究者能把 ^{my}Experiment 作为个人的学术工作台或者作业台（workbench）。在生物学、医学、化学等学科中得到广泛采用的 ^{my}Experiment 取得较好的实践效果，截至 2014 年 9 月，^{my}Experiment 平台上已经有 7500 名研究者开展工作，有 300 个研究组，超过 2500 个科学工作流（Science Workflow）。

（三）SAKAI

SAKAI 是一个开源社区项目（Yang X、Allan R.，2007），聚焦

于构建核心协作功能的资源，开发一个协同工具箱，用于教学以及即时协作。该项目提供一个框架，一方面"开箱即用"；另一方面通过增加一些特别的工具组件，使之也能应用于特定领域。SAKAI 核心功能包括公告、聊天室、讨论社区 Threaded Discussion、文档管理工具 Drop Box、邮件归档、今日消息、新闻/RSS、偏好、讲演工具、资源、日程等。在由英国的兰卡斯特大学和剑桥大学的研究者开发的 Sakai2.0 中还包括协同撰写工具 Wiki based onRadeox、博客、共享显示、共享白板、音频多播和视频多播等。对于构建 E-SCIENCE 应用，SAKAI 能够作为一个单独的系统提供项目组管理工具，在社会科学领域中得到广泛使用。

第四节 案例总结与启示

本章把基于网络的协同科研组织的案例按基于合作平台和基于公共学术社区两大类进行了案例分析，基于合作平台并且有实体机构支撑的基于网络的协同科研组织在团队构建及运行实践方面实施了更为细致的管理。比如 CSBI 既有专门的场地、设施，还有专职的管理人员，所以这个基于网络的协同科研组织虽名为虚拟，但成为了一个实体，其每个研究团队是由各个院系的教师、学生参与构成的动态智力资源组合。CSBI 所有的场地、实验设备对这些参与者而言都是开放的，所以 CSBI 提供的资源不仅仅是数据库和文档资料，还有实体的资源支撑。新西兰的 CICERO 没有专门的场地，但有专职的管理人员，其管理内容包含人员的招聘、资源库的管理及组织支撑平台的维护与更新。与 CICERO 相同，nanoHUB 也没有专门的场地，由普渡大学牵头组建形成的核心成员仅负责对 nanoHUB 运行平台 NCN 的维护、更新，不负责人员的招聘、团队组建等管理任务。EGI 的运行模式与 nanoHUB 颇有相似之处，只是 nanoHUB 聚焦于特定的学科领域，EGI 的技术支持平台允许建构多学科的基于网络的协同科研组织,提供的中间件服务、数据库和计算资源等较为丰富和强大。ResearchGate 与 eldis Communities 的运行模式极为相近,但面向成员的范围及在提供资源方面的不同,使 ResearchGate 具备了更大的规模。

如果从运行效果来进一步分析上述六个基于网络的协同科研组织又会发现,CSBI、CICERO 和 nanoHUB 在促进资源分享和增加学术交往方面更有绩效,CSBI 在系统生物学领域已然形成广泛影响,CICERO 支撑了新西兰医疗研究人员医学研究学术资源的分享和小规模研究团队的协同研究,nanoHUB 在全美纳米科学与技术领域汇集了最为丰富的资源,甚至于这些资源汇集后形成了具备广泛影响的课程。而 EGI、ResearchGate 和 eldis Communities 三者的确使研究人员有了与全球范围内精英学者接触的可能,但聚集某一问题开展协同研究较少,共同分享形成的资源库未能建构起来。对于引起这种绩效差异的因素,可以从团队组建及运行两个阶段进行分析:

在团队构建阶段,第一,CSBI、nanoHUB、CICERO 都向申请者明确告知该研究组织所聚焦研究的领域与问题及研究的目标,参与者只有在对研究领域、研究目标保持认同的情况下才有可能成为组织成员;第二,上述三个案例都有与参与者进行契约签订的环节,主要内容是约定组织成员必须向基于网络的协同科研组织提交资源、参与交流与知识产权保护的行为,EGI 当然也设置了类似的环节,叫作谅解备忘录。经过以上两个环节以后,一个试图参与基于网络的协同科研组织的人才可能成为正式的成员。在组织的运行阶段,第一,CSBI 规定了线上交流与线下交流相结合的原则,沟通机制的设计上确保了组织成员之间能够走向深度沟通;第二,基于在构建阶段所签订的协议,CSBI、nanoHUB、CICERO 这三个组织都有效地聚合了组织成员分享的知识与资源,从而使基于网络的协同科研组织的技术支持平台,也就是虚拟研究环境真正具备了知识库、资源库的功能,如 CICERO,前面案例分析已经显示该组织成员在网络平台上的学术交流并不多,但依然有大量的用户在平台上保持活跃,很显然，这背后是学术资源的巨大吸引力在起作用。

　　本章分析的虚拟研究环境案例有着较为广泛的应用，不同于其他的软件或者网站平台，虚拟研究环境是一种动态的和泛在式的科研支撑系统，在这种系统上科学家能无缝地获取数据和软件，研究者应用网络浏览器就能利用分布式的系统处理资源。表3—5所展示的这19项功能并非意味着每个虚拟研究环境都具备这19项功能，而是各有特色，如 myExperiment 在音视频交互及协同研究方法上受到高度评价（Halfpenny P.，2009；Carusi A.，2010），而 SciVee 以其 Make Science Visible（使科学可视化）为理念，在分享科研工作流方面做得非常出色。正如前面分析基于网络的协同科研组织的六个案例时所呈现的那样，虚拟研究环境对资源分享与汇集管理的功能是一项极为重要的功能，因为资源的存在才能构成对用户的吸引力和黏性，然后是打造异步或者同步的讨论社区，使基于网络的协同科研组织的参与者在其中有归属感。

第四章

E-SCIENCE 科研范式下的组织结构与运行模型

对基于网络的协同科研组织国际案例的分析过程显示，基于网络的协同科研组织的成员在沟通上能够实现直接的交流，但并不是每个成员在组织内都有同等水平的话语权，成员扮演着不同的角色。如 CSBI 中的六人执行委员会享有组织的管理权，负责核实成员的真实信息及参与动机，对成员的学术交往与资源分享行为进行监督检查。并且成员中还会表现出关键用户与普通用户的差异，关键用户一定程度上承担起节点与协调人的角色，获得的关注较多，从成员间的权力分配及角色分工的角度而言，基于网络的协同科研组织表现出多种结构。对国际案例的运行效果开展分析也显示，基于网络的协同科研组织的确能较好地实现协同研究，应对其组织优势背后的深层原因进行分析，更要理性审视基于网络的协同科研组织的局限性，对影响其绩效的关键因素进行深入挖掘。在国际案例分析的总结中，本研究也关注到，表现出更高协同研究水平的基于网络的协同科研组织在构建与运行两个阶段的管理上有其共同性，有必要对这些管理内容进行提炼，从概念上提出基于网络的协同科研组织构建与运行过程的基本模型，为后续研究提供分析框架。

第一节　科研组织虚拟化的分类考察

　　从成员间的权力分配及角色分工的角度而言，本研究分析的六个国际案例具有明显的差异。CSBI 有中心管理者的存在，组织的参与者要经过六人执行委员会的审核且要通过签订合作契约以后才能成为正式成员，中心管理者会对成员的知识分享行为、学术交往行为进行记录与监控，并且 CSBI 里面的四个合作研究群及群内的每个研究小组也都设置较为明晰的负责人，这些负责人分配研究任务和监督研究进度。CICERO 与 CSBI 颇为相近，虽然没有场地、设施作为支撑，但专职的六人管理小组仍然要完成与 CSBI 的六人执行委员会相似的管理内容。nanoHUB 会通过契约签订等形式在成员加盟时对成员的行为做出约定，但在组织运行阶段没有对成员的具体行为管理，每个研究小组自发组建形成，缺乏像 CSBI 那样非常具体明确的任务分配与角色分工。ResearchGate 和 eldis Communities 除了从成员信息真实性方面进行核查之外，团队构建及运行阶段主要依赖成员之间的自组织，成员间关系的建构在讨论和协作中生成。不同于前述五个案例，EGI 接受实体研究组织的申请，为实体组织的虚拟化提供平台、资源与服务，一些大型的国际科研合作更倾向于采取 EGI，并且与 EGI 前述备忘录，由 EGI 负责资源的分发，各实体研究组织从 EGI 上获取资源、开展研究再提交成果，从这点来看，这些大型国际科研合作项目的管理机构借助 EGI 实现了研究任务的外包或者分发，每个借助 EGI 实现虚拟化的实体组织是研究任务的具体承担者，管理机构和任务承担者之间建构起了一种松散的联盟关系，构成更大规模的基于网络的协同科研组织。

　　根据以上的案例分析与比较，本研究把 CSBI 和 CICERO 的组织结构归类为星型结构，nanoHUB、ResearchGate 和 eldis Communities 的组织结构归类为自组织网络化结构，EGI 上的基于网络的协同科研组织归类为松散联盟式的网状化结构。具体而言，星型基于网络的协同科研组织一般有中心管理者或者核心主体负责对整个基于网络的协同科研组织的创建和运作进行管理，合作成员主要与核心主体进行密切互动，与其他参与方的互动相对较少；自组织网络化基于网络的协同科研组织没有中心管理者或者核心主体的角色，合作成员间集体协商、讨论基于网络的协同科研组织的研究目标和各自的研究任务，合作成员间完全平等并且紧密交流；松散联盟式的网状化的协同科研组织对应于一些大型科研项目的开展，甚至是国际性的学术交流合作，合作成员分为核心成员和外围成员，核心成员由研究的倡议人和具有较强研究实力的合作成员构成，外围成员完成相对独立的研究任务，但核心成员与外围成员之间依赖强大的信息基础设施实现密切的互动。下面将逐一对每类结构的特征、优势与局限展开讨论。

一 星型结构

基于网络的协同科研组织的发展实践中，星型结构得到大量采用，如英国联合信息系统委员会（JISC）资助建设的一系列虚拟研究环境的功能设计都支持了星型基于网络的协同科研组织的成员关系。同时，很多传统的研究机构正在采用星型模式的基于网络的协同科研组织与其他机构开展科研合作。如卡文迪什实验室参与了多项与其他研究型大学的科研合作项目（Thannhauser J., Russell-Mayhew S., Scott C., 2010），基于可靠性的跨学科合作研究（The Interdisciplinary Research Collaboration in Dependability，DIRC）是其中一个典型例子。该合作研究计划是由城市大学（City University）、兰卡斯特大学（Lancaster University）、纽卡斯尔大学（Newcastle University）、爱丁堡大学（University of Edinburgh）、约克大学（University of York）等五所大学相关研究力量组成的基于网络的协同科研组织。DIRC 的管理结构非常简洁，设一个中心管理委员会，主任由纽卡斯尔大学的教授兼任，成员包括来自五所大学和卡文迪许实验室的 70

余名教授。

（一）星型结构的基本特征

麻省理工学院 CSBI 与斯坦福大学 BIO-X 两个基于网络的协同科研组织的组织架构为本文提出星型组织模式提供了典型案例支撑。CSBI 有六人构成的执行委员会负责管理，在 BIO-X 计划中有主任领导的生物科学跨学科顾问委员会、学科领导委员会、执行委员会。这些委员会是基于网络的协同科研组织组织者的角色，负责合作方的选择、资源的分配、利益的协调、科研项目的立项与审批等事务。

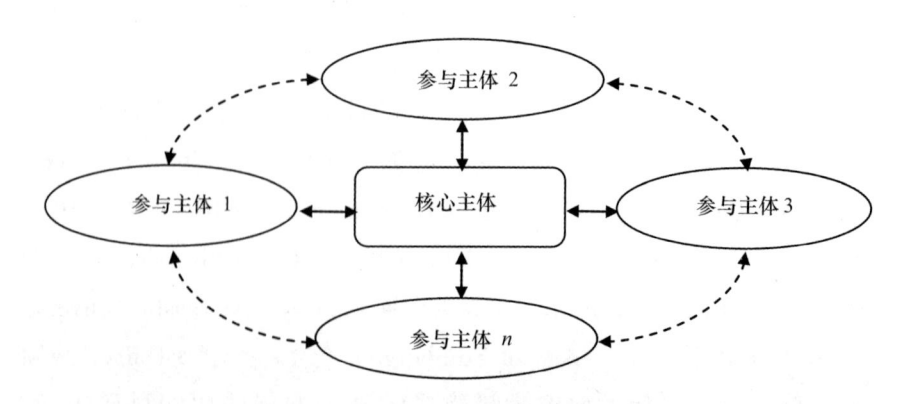

星型基于网络的协同科研组织的结构如图 4—1 所示，有一个核心主体负责对基于网络的协同科研组织进行管理。这种结构与传统的组织结构最为相似，首先这种结构有一个核心主体的角色，存在着管理与被管理、服务与被服务的区分。核心主体要使各参与方遵守基于网络的协同科研组织的运行规则，确保各方都按照共同的学术价值观和共同的研究目标开展研究。同时，核心主体又要协调各参与方向组织贡献学术资源，进而又把这些资源分享到所有的组织成员，这里既有管理也有服务。合作各方之间、与核心主体间的关系表现为紧密的联系。

图 4—1 星型基于网络的协同科研组织

这个核心主体是基于网络的协同科研组织的某个发起机构或者个人，也或者是通过众多合作成员讨论协商后推选形成的基于网络的协同科研组织管理机构或者个人，核心主体首先是作为一个组织者的角色，并不是拥有关于基于网络的协同科研组织构建与运行方面的所有权利。核心主体主要完成的工作有：第一，作为发起人，核心主体召集各机构或者学术组织的专家一起讨论关于合作成员的选择与评估；第二，作为组织者和召集人，核心主体要召集各方把可以共享的学术资源进行汇集并协调对这些资源的分享使用机制；第三，作为协调人，核心主体在阶段性的课题研究结束后，要进行阶段性的总结或者权益分配；第四，作为管理者和服务者，核心主体要保障支撑基于网络的协同科研组织运行的信息技术平台的良好运行。

核心主体的任务繁重，但能确保基于网络的协同科研组织有序、健康地运行。需要强调的是，虽然星型基于网络的协同科研组织有核心主体的存在，但核心主体与各参与方都是平等的关系。尤其当核心主体是组织的发起人时，这种平等关系更应被强调。这是因为，当参与方觉察到自身贡献出去的学术资源得不到相应的回报，或者意识到发起人以合作之名侵占了自身的学术权益时，参与方会迅速中断与核心主体的合作。如若核心主体是由各参与方共同推选形成的中心管理机构，这个中心管理机构绝对不能演化成为一个传统式的、官僚式的、纯粹的科研管理机构，应始终以透明服务为准绳，为组织的各参与方提供高效运行的基础保障。

（二）星型结构的优势与局限

星型结构是虚拟研究中最常应用的一种结构形态。这种组织结构与传统的组织结构最相近，既充分利用了信息技术平台提升科研协同性，又便于较为有效地集中管理，概括起来，主要表现为以下几个方面的优势：①组织成员分工明确、管理便捷。因为有中心管理者或者核心主体的存在，组织创建、运行中出现的所有问题都有了非常明确的解决者。②成员能保持较好的稳定性。星型模式因为有核心主体的存在，召集人、发起人、中心管理者的角色相对而言比较清晰，与参与主体间的合作关系属于较为刚性、稳固的关系。③组织的资源分配和权益协调容易达成一致。核心主体在星型架构下不仅仅是管理和服务，还一定程度上承担了协调人的角色。如果由召集人、发起人作为核心主体，这个核心主体相应地具有较高的学术威望，当在资源分配与学术权益回报上各参与方陷入冲突时，核心主体就承担起协调人的角色，促成各参与方的妥协。

在具有上述三方面优势的同时，星型结构的基于网络的协同科研组织也因为其参与成员与核心主体间的刚性连接而带来协同上的一系列局限：①星型结构下参与方之间的互动不够充分。就如同一个完全开放的虚拟社区，进入这个虚拟社区的人之间的交流毫无障碍，这些人却只关注具有大量关注者的核心成员。②星型结构下组织的灵活度和对外界的反应能力降低。核心主体代表整个组织与外界进行交流。但核心主体的人员数量毕竟所占较少，学术视角、学术交流范围都非常有限，当各学科发生最新的进步或者变化时，不能保证核心主体能及时掌握最新的学术成果。③星型结构的基于网络的协同科研组织容易陷入委托——代理风险。核心主体受组织各参与方的委托，代理整个组织的创建与运行等管理和服务工作，掌握大量的学术资源，这样就容易形成权力的集中，如果核心主体发生败德行为，如利用手中权力擅自分配资源，或者不公开所有参与方的学术成果，就会导致严重的权力寻租行为。

二 自组织网状化结构

网状化的基于网络的协同科研组织没有中心管理或者核心主体的角色，大量基于网络的虚拟学术社区都自发形成了这种网状化的连接，如我国最大的学术社区小木虫的各个学科板块形成的专题讨论区，论坛成员间的关系完全是多对多的网状化连接。不仅是在公共学术社区中，一些专门的协同科研平台也支撑这种自组织式的网状化研究组织。德国始于 2008 年的 DFG VRE Programme 项目中合作成员在 DFG 平台上基于常规的社交网络技术开展协作，自由组合成为协作型的研究组织。nanoHUB 借助强大的信息技术（NSF 支持建设的 Cyber Infrastructure 中的 In-VIGO）支持，通过中间件技术创建了研究者、教育者和学生所需的访问和共享资源的内容管理系统，研究者、教育者和学生间是在应用 nanoHUB 上的各种模拟仿真工具的过程中，基于兴趣和个人研究的需要，自组织起一系列的虚拟研究团队。

（一）自组织网状化结构的基本特征

如图 4—2 所示，网状化基于网络的协同科研组织的运行主要依赖各参与主体间的密切互动。从形成模式上来看，第一种是自发形成的组织，多个学术组织或者研究个体围绕共同感兴趣的研究主题持续性地开展学术交流，借助的交流技术停留于面对面或常规的信息技术手段，未能形成有效约束各参与方行为的合作契约，比较松散。随着研究的深入展开，各方互动更为频繁，交流更为深入，互相共享的学术资源量更大，涉及的学术泄密问题越来越突出，需要以一种规范化的组织形式来运行。第二种是基于课题或者协同完成新的研究方向的需要，借由倡议、讨论后形成的松散的研究联盟。自发生成的网状化基于网络的协同科研组织，抑或借由新课题、新研究方向的需要形成的网状化基于网络的协同科研组织，都没有清晰的中心管理者，各种学术问题、管理问题通过合作各方的集体协商讨论做出决定。

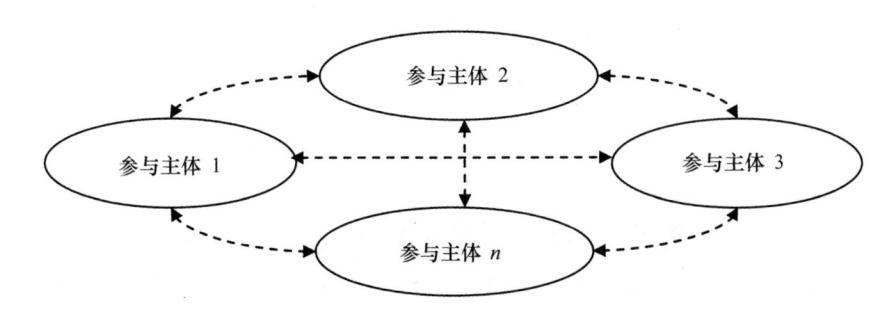

图 4—2　自组织网状化基于网络的协同科研组织

网状化基于网络的协同科研组织对合作成员参与研究的积极性和自发性要求较高。自组织网状化组织的结构特征表现为：第一，合作成员与所有参与者之间都要保持紧密的互动关系。为了能够获取到自身需要的学术资源，合作成员必须对其他成员的研究特长、资源禀赋有较为全面深入的了解，这样才能获取到自身所需的资源。第二，合作成员需主动探究研究任务和筹措所需的学术资源。因为没有中心管理者对参与主体的研究任务做出明确要求，研究任务是在研究过程中通过正式或者非正式的讨论慢慢演变生成的，研究所需资源也需要自身积极筹措。第三，合作成员要具备较强的协同能力。网状化基于网络的协同科研组织中合作成员需要担当起研究者、协调者、资源配置者等诸多角色，要能够在没有中介人的情况下完成与其他成员的资源交换和权益分配，这就需要极高的协同能力。

对任何组织的任何成员都应有主动性、积极性、自发性的要求，在自组织网状化的基于网络的协同科研组织中，这些工作态度变得尤为重要。能充分调动起所有合作成员的主动性、积极性、自发性是保障组织成员间黏性的必要手段。网状化的基于网络的协同科研组织结构下，各参与主体间的关系更为松散和柔性，所以在图示中用虚线来表示各参与主体间的关系。不过需要指出的是，在有些网状化的基于网络的协同科研组织同样也有一个核心成员的概念，这个核心成员主要起到基础资源供应和网络维系的作用，nanoHUB 由六所大学（包括 Purdue、UC Berkeley、Northwestern、IUC、Norfolk 和 UTEP）组成核心成员 NCN（郑忠伟等，2010）。

(二) 自组织网状化结构的优势与局限

自组织网状化的基于网络的协同科研组织一方面存在课题规模较小和成员间熟悉度较高的情况，因为课题规模有限，总课题、子课题的划分较为清晰，研究所依赖的资源量不是很大，所获取的权益、回报也不是很高，合作成员间的协调相对而言比较容易。网状化基于网络的协同科研组织因其规模小、成员间互动频繁成为大学比较容易构建的学术组织；另一方面在公共的学术社区中，虽然彼此不甚熟悉，但志趣相投也能自组织形成一些虚拟的研究团队，如在 QQ 中的一系列学术社群就是自发组织形成。自组织网状化的基于网络的协同科研组织在团队构建与运行过程中表现出如下优势：①组织的运行无须繁杂的机构和公文。网状化基于网络的协同科研组织的合作成员间容易达成较高的信任度，不需要用太多的契约、公文进行约束，口头上的约定有时就足以保证合作成员不至于出现违规或者败德行为（罗能生，2004）。②组织有较高的灵活性和敏捷性。在网状化结构中，组织成员既是研究的参与者，也是研究的协调者与外界的交流者。任何一个组织成员都能发起就学术问题的讨论和协商，众多合作成员对外界的积极跟踪成就了组织对外界反应的灵活性和敏捷性。③组织成员间能保持密切的学术互动。因为网状化组织的合作成员规模有限，且原本有较好的信任，这样就非常容易开展学术互动。在小木虫、人大经济论坛、ResearchGate、eldis Communities 等学术社区中可以看到，在同一个学科或者专业领域内，网状化基于网络的协同科研组织大量存在，学术互动非常频繁。

大学实施跨学科研究和促进学术协同创新一般会从推进学校既有的学术资源间的协同开始，如大量存在的矩阵化的学术组织，虽然组织成员来自于不同的学科，同时受到所属学科和课题组的领导，但成员间的互动却是完全网络化、开放式的资源共享。当然，也因为其没有明确的契约限制和缺乏中心机构的管理，在构建与运行实践中，自组织网络化的协同科研组织也暴露出诸多局限：①组织成员过度沉浸于自身的学术创新。在没有中心管理者监控的情况下，局部或者个体的创新是否能与组织总体目标保持一致，是网状化基于网络的协同科研组织必须时时要面对的问题，自组织网状化组织中心监控的缺失很容易导致合作成员沉浸于自身的学术创新，而忽视对整体研究目标的跟进（楼园等，2009）。②自组织网状化组织中成员间信任度较高，又缺乏星型结构中那样的管理者，容易引发学术成果的外泄，极容易导致失德行为的发生。③自组织网状化组织的持续高效运行缺乏保障。随着研究的开展，有大量的数据、资源和学术成果需要保存，需要对场地、设备、耗材的持续投入，以采用公共的信息技术平台为主的交流模式的自组织网状化组织因其没有合法的中心管理者，学术资源的投入无法获得制度保障。

三　松散联盟式的网状化结构

松散联盟式的网状化基于网络的协同科研组织在科研协作中存在较多，尤其是在地震、生态、气象等大科学研究领域得到广泛应用。英法合作的环境科学研究用的虚拟研究环境 eMinerals 支持了英法两国科学家以松散型模式做科研分工、开展科研合作。美国国家地震局仿真网格使研究者能够远距离观察和进行试验，为数据库贡献材料和从数据库检索材料，分享计算机和分析工具，使用协作工具进行研究（National Earthquake Engineering Simulation），生物医学信息学研究网络（Biomedical Informatics Research Network）是美国为分享网络、工具和数据所作努力的其他机构，这种性质的数据库很多都位于南加利福尼亚州圣迭戈超级计算机中心。英国的 eDiaMoND（Breast cancer and the e-Diamond project）项目（Jirotka、Procter、Hartswood，2005）中，多家医院和胸透中心数字记录、收集和注解乳房 X 线照片，该项目采用网格技术和联邦数据库服务。天文学是最大规模合作的学科之一，现已形成包括美国国家虚拟天文台、英国星云天文台，欧盟天文物理虚拟天文台以及其他国家的组织的虚拟天文台联盟。成员之间共享数据、软件工具和服务，使得获取天文学知识的权限更加广泛，比单独的国家或大陆收集的信息要多。同建立数据库相比，虚拟的天文台联盟更注重数据描述的共同标准和权限。在地球科学方面，世界虚拟观测网络（International Virtual Observatory Alliance）是基于美国环境保护协会而建立的一个非常重要的分享地球科学学科的工具和数据的国际学术联盟。大型信息基础设施支持下的松散联盟式网状化的协同科研组织正成为科研活动方式中大型研究的主流组织形式，对跨组织、跨地区甚至跨国界的合作研究起到了重大推动作用。

（一）松散联盟式的网状化结构的基本特征

松散联盟式的网状化组织有众多核心成员或机构构成的核心管理者，核心管理者确立的课题规模一般较大，然后再实行子课题划分，分包给来自全世界的众多科研组织协同完成研究。这种结构下合作成员间的协作关系比较弱，但合作成员与中心管理者之间关系较为密切。所以说，松散联盟式的网状化组织模式既具备了星型结构的特征，也有自组织网状化结构的一些特性。但合作成员的规模一般较大，有大量的场地、仪器和设备资源，承担完全独立的研究任务。该模式如图4—3所示如下：

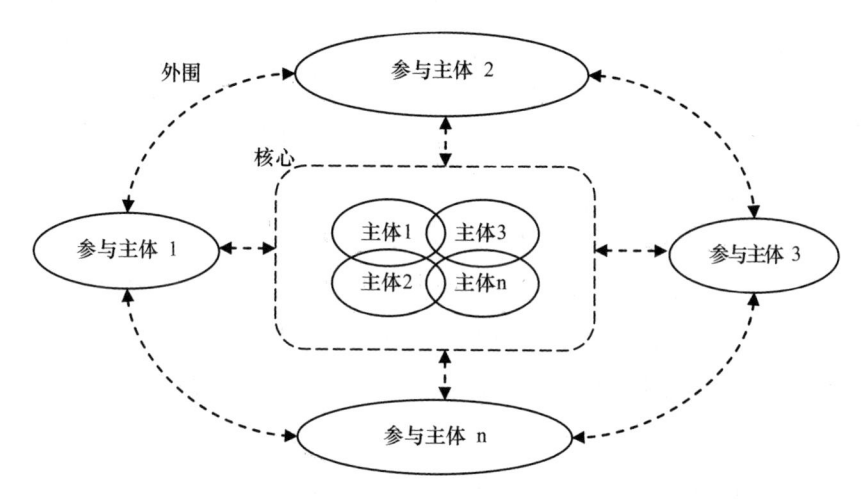

图4—3 松散联盟式网状化基于网络的协同科研组织

与自组织网状化不同的是，松散联盟式网络化基于网络的协同科研组织有一个相对而言的核心主体的角色，它具有较多的学术资源，对学术研究有较强的引领作用。在大科学时代，协同科研项目的难度较高，人员数量较多，连接的国家和组织很多，各个参与方一般不是独立的研究人员，而是有一定规模的研究组织。这些组织各自保持独立的运行，但又充分地开展交流，核心主体一定程度上把握研究的方向，并对所需资源进行适当的配置和协调。这种结构的基本特征具体表现为：第一，合作方的研究实力是保障松散式基于网络的协同科研组织高效运作的基础保障。因为合作方要承担的任务不是简单或者量级很小的课题，而是规模较大的课题，甚至在合作方的内部组织里又出现更多子课题的划分，合作方内部也会有如基于网络的协同科研组织这样的组织类型。第二，松散模式中的核心主体必须具有较大的学术影响力和感召力。这个核心主体不一定仅是某一个学术组织，而可能是多个学术组织的联合体，从而构成网络化组织中的"核心成员"与"外围成员"。核心是由多个实力较强或者学术资源充沛的学术组织联合而成，外围完成基于网络的协同科研组织整体组织分配的相对独立的研究任务。第三，松散联盟需要有强大的信息基础设施作为保障。松散模式主要对应于大科学研究中的协作研究，如气象、海洋、地质探测、基因工程等专业领域，需要大数据的共享，基于大量的中间件服务，采用网格和云计算等先进的信息技术。

（二）松散联盟式的优势与局限

松散式网状化基于网络的协同科研组织与自组织式网状化基于网络的协同科研组织处于网状化组织模式的两个极端，松散式基于网络的协同科研组织规模庞大，组织松散，有一个核心主体的联盟；自组织式基于网络的协同科研组织规模较小，组织紧密，一切问题通过共同协商决定。两种网状化模式都给参与者赋予了较大的学术活动自主权。松散式网状化基于网络的协同科研组织在构建与运行阶段表现出如下优势：①能协同完成规模大、人员多、需要巨额研究经费的大科学研究项目。如同测序人类基因组、研发太空探测器、预报未来长期的气候变化这样的科研任务，必须要动用大量的人员，需要持久性投入高额的研究经费，从规模上而言可能要有多个国家上百个学术组织，甚至要有超过数以千计的研究人员参与。②核心主体的管理、服务职责较为明晰。与星型基于网络的协同科研组织不同，网状化组织强调的是参与成员与所有合作方面的全面互动，网状化组织的核心主体不仅仅包含一个研究组织，而是多个研究组织的联盟，他们之间的互动较为频繁，提供了比其他外围成员更多的学术资源，也贡献了更多的研究经费，并在信息基础设施保障方面也作了更多的贡献。③学术资源共享共用的深度和广度都很大。作为大科学研究，一般都是基于大数据开展研究，天体观测、实验仿真、数据模拟等这些获取数据的手段不是每个研究组织都可以承担和得以实施，必须借助其他组织的资源，通过联盟或者资源交换来获取这些数据资源（Tony Hey，2010）。

松散式的基于网络的协同科研组织在大科学研究中获得广泛采用，近年来也获得多个世界组织的认同与支持，如亚太经合组织（APEC）、联合国教科文组织（UNESCO）支持了大量的国际性科学研究项目，美国、日本、欧盟也都充分认识到，凭一国之力量已经无法完成高精尖的科研研究和技术创新。但松散式网状化基于网络的协同科研组织也正如其名所指，因为松散，在其构建与运行中也产生了诸多问题：①协同难度加大。因为涉及的组织多、人员广，并且牵涉较为敏感的国家利益，在经费投入、人员安排方面都需经过政府层面的审核，由此造成协同起来效率较低。②资源投入得不到保障。松散式基于网络的协同科研组织需要巨额的研究经费支持，在场地、设备、人员上都需要持久性的投入，但参与方所在国家因为社会经济情况变化、因为科研管理政策调整甚至因为国家发展方向的变更，都会导致合作成员的中途退出。③信息基础设施的质量和安全性受到巨大考验。虽然全球俨然已经进入信息时代，但各国的信息基础设施建设却存在着巨大的不平衡。如中国虽然近几年在网络建设方面突飞猛进，但在网络带宽方面仍不及日本、韩国，更不及美、英、德、法等欧美科研强国，由此就出现了在协同科研中数据传输、可视化协同科研软件不能流畅运行。更为严重的是，当今社会信息安全问题尤为严重，这已是一个全球性的问题，不仅仅是敏感的科研数据的泄露，甚至还会出现大数据遭受污染甚至篡改等问题。

除了上述三种结构，骆品亮等人（2002）认为基于网络的协同科研组织在大学中有两类实现形式：第一类是单个研发组织无形化，即某机构通过网络和通信技术把自己分散在不同地点的技术资源连接起来形成的研发组织，比较典型的案例是麻省理工学院（MIT）的计算机系统生物学创新工程（CSBI），还有斯坦福大学的 BIO-X 计划。第二类是基于网络信息技术并以契约、协议等为基础整合多个独立企业、大学、研究所的研发资源，构成一个基于网络的协同科研组织。如我国的 E-研究院（E-Institute），新加坡国立大学和南洋理工大学两所高校与麻省理工学院合作组建的 SMA 联盟，还有前文所述的聚焦于纳米研究的 nanoHUB 等。从组织结构的适用性来看，本研究提出的星型结构比较适合围绕规模适中的课题的协作研究，自组织网络化组织结构比较适合课题研究规模较小，甚至还尚处在对新的学术研究方向进行摸索阶段的探究，松散联盟式的网络化组织适合大型的国际化学术合作。

第二节　E-SCIENCE 的运行绩效影响因素分析

一　E-SCIENCE 面临的主要挑战

奥尔森等人（Olson G. M.、Zimmerman A.、Bos N. D.，2008）在《互联网上的科学协作》（*Scientific Collaboration on the Internet*）一书中调研了 100 个基于网络信息技术开展科研协作的项目，奥尔森在书中充分肯定了虚拟组织能一定程度上取得成功，但基于网络的协同科研组织因其组织松散、信息技术驱动等特征又具备一些难以克服的局限。国际案例分析中的 CSBI 和 CICERO 都不得不安排固定的面对面交流正是对这些局限的回应。只有正视这些局限，并在一定程度上使传统研究组织和基于网络的协同科研组织互相交融、相互配合才能真正发挥基于网络的协同科研组织的优势。

（一）基于互联网的学术交流无法替代面对面的交流

1. 信息技术的适应性不足限制了研究人员基于互联网开展学术交流的能力。肾上腺癌症的虚拟研究（Sinnott R. O.、Stell A. J.，2011）和虚拟癌症研究中心（Hornbrook M、Hart G.，2005）这两个基于网络的协同科研组织的案例都显示出，研究人员仅仅把基于网络的协同科研组织作为一个会诊的工具，普遍把视频会议作为主要的交流工具，其他如电子白板、医疗影像远程传输等工具的使用非常生疏，致使这些基于网络的协同科研组织不能实现预期的协同诊疗效果。虽然网络信息技术为很多人带来了巨大的便利，但对很多人而言，信息技术的使用确实也增加了工作的复杂性和难度，甚至增加了完成任务所需的时间（Cappel J. J、Windsor J. C.，2000；Straus S. G.，1996）。从这点上来说，对研究者在信息技术使用方面的培训是至关重要的，使用虚拟研究环境的人需要获得必要的技术支持（Carroll J. M.、Wang J.，2011）。欧盟就基于网络协同科研组织实施效果开展的调查结果也显示，在人文社会科学研究领域，研究人员对技术的排斥性非常普遍，在应用基于网络的协同科研组织时并不能深刻体验到网络信息技术所带来的便利。

2. 网络信息技术无法有效传达隐性知识。基于信息技术的交流能够有效传达可以文字化的知识，但交往过程中人的语气、情感、体态等信息纵使借助音视频会议工具也不能被充分传递出去，相反，同在一个物理空间的面对面交流可以把上述信息充分地表达和接收。正是因为基于信息技术的交流使信息的传递不够完备，还进一步导致了基于网络的协同科研组织成员间距离感的加大。

Olson（2008）在其研究中特别提出跨学科、跨地域的学术交流由于缺乏共同背景而很难实现隐性知识的传递，较难以在组织成员间建构起理解和信任，即使信息通信技术为科研协作提供了实现协同的所有工具，但时空差异对合作关系的影响依然存在。并且，基于虚拟空间的交流会使真实空间的交往能力遭到削弱，如果成员在地理上呈分散分布的团队，时区差异对它们的影响会很大，若长期没有面对面交流可能在成员间产生一种隔离感。

3. 信息化环境中研究对象的虚拟性不能取代实在性。虚拟空间强化了研究人员的学术资源禀赋，原本需要自己调查、观察、整理才能建构起来的研究资源依赖搜索就能够获取到。如果再依靠建模仿真等研究方法从虚拟的研究对象上获取数据资料，这样研究资料离实在的研究对象就会越来越远。图形、影像、数字化的虚拟机器或者虚拟人终归是一种虚体化的存在，把实际对象转化为虚拟对象后就意味着研究对象的实在性发生了变化。二手资料、建模仿真形成的资料一方面给研究人员提供了便利，另一方面使资料越来越成为一种间接的资料；基于这种间接资料所形成的研究成果在信度、效度等方面都会大打折扣，研究对象的虚拟性不能完全代替实在性，研究人员在必要的情况下仍应建构自己的一手资料，仍需对实在的研究对象进行全方位的真实观测（肖峰，2006；丁大尉，2010）。

（二）信任和尊重的达成面临诸多制约

Vangen 和 Huxham（2003）提出，信任在协同研究中占据着中心位置，合作成员间的信任感是研究组织取得良好科研绩效的无形资产。信任是相互的，Berens（2006）认为信任是随着时间的推进逐步构建的。Jirotka 等人（2005）曾调查了 eDiaMoND 这个基于虚拟社区的协同科研项目中影响协作效果的主要因素，研究表明信任感对于提高来自不同组织的医生间分享医疗数据的意愿影响最大。信任在协同研究中不是一个抽象的概念，体现为研究成员对组织目标及自身目标的清晰认知，以及每个成员为实现这些目标的具体行为。信任的必要条件是，施予信任的主体首先对被信任方形成预期，被信任方能够实现预期。通过与其他人共同积极参与微妙的人际关系网信任才能得以建立。

影响科研组织成员间互相信任的因素有很多，包括团队成员对自身、其他成员以及参与科研课题的利益相关者的认知。基于网络的协同科研组织成员间的信任表现为多种不同的形式，包括合同信任、竞争力或研究能力信任、情感和道德信任等，各类型的信任共同影响协同水平，同时信任也是促进知识共享的主要作用机制。在基于网络的协同科研组织中，非正式交流和面对面沟通相对较少，且难于甄别基于网络的协同科研组织参与者的参与动机。如果参与者是以搭便车为目的，则基于网络的协同科研组织中的资源、学术成果容易发生被盗用，即使不是搭便车者（Free-rider），基于网络的参与者对基于网络的协同科研组织的忠诚度也较弱，容易出现中途退出的现象。对这些问题的认知使得基于网络的协同科研组织成员间的信任和尊重难以达成。

（三）学术交往中的社会分层依然存在

Vangen 和 Huxham（2003）的研究显示，随着基于网络的协同科研组织的发展，在执行协同中的各项具体事项时，有一些成员难免处于核心位置，另外一些成员处于边缘位置，核心位置与边缘位置的出现势必会产生成员的社会分层，有的成员被视为主要成员，而另一些人则被视为附属成员，面对这种情况，基于网络的协同科研组织无法实现权力分布的均衡。早在 2000 年，Brien 就指出即便是在基于网络的协同环境下，人们也不愿放弃权力。Walker（2003）认为，只有权力分配均衡，才能使组织成员将他们的自身利益与组织的共同愿景保持一致。若权力分配发生失衡，就会使协同行为发生偏离，表现为懈怠、抵制等消极行为，最终降低基于网络的协同科研组织的整体绩效。

此外，Robert K. Merton（1973）在其研究中指出学术研究领域存在科学共同体的分层结构和资源聚集的马太效应。事实上，现代信息通讯技术会强化这种马太效应，已然处在较高研究层级的组织或人员更容易获取到更多优质的学术资源，研究人员和研究机构的学术层级、长期积累决定了他们是主要关注的交流对象，一些新入行的、外围的、边缘的或者学术水平较低的研究人员实质上很难借助网络开展与精英科学家的深度交流。所以说，在基于网络的协同科研组织中，既有的学术领域的社会分层不会被打破，基于网络的协同科研组织甚至还可能形成对既有分层状况的强化。

（四）基于网络的协同研究易产生数据失真与网络安全风险

基于网络的协同研究中还面临的一个重要问题是数据失真。研究者无法保证在电子传输过程中不会丢失机密数据（Chris M.、Stewart F.，2000），这可能是由于技术故障，包括病毒攻击、未经授权用户的入侵或者黑客入侵计算机或计算机网络。黑客篡改或损坏的数据在传输过程中，收集的有效性和可靠性就存在问题。为此，所有的虚拟研究环境都需应用额外的技术支持来提升系统的安全等级。

除了提高网络信息技术的安全性，基于网络的协同科研组织涉及的另外一个重要学术伦理问题是：由于社交网络的开放和分享的特点，每个研究者都面临知识产权、版权和隐私安全问题（Braund D.，2008）。Kralik 等人（2005）强调，在传送重要的科研数据时，应将数据打包成一个电子文件，要经过加密通过电子邮件或光盘传送给其他相关研究人员。在基于网络的协同科研组织中，所有的组织成员有义务接受和维护学术伦理和道德责任，他们需要确保在学术伦理范围内使用数据，在研究团队成员间建立知识产权协议来提高研究者的警惕性非常有必要。

二 信息化科研模式下影响运行绩效的关键因素

1979 年 Rockhart 提出，任何组织都有一些特定的因素对其获得成功非常重要，如果同这些因素相关的目标没有实现的话，组织将会失败（张爱民，2009；房瑞、徐友全，2015）。要想发挥出基于网络的协同科研组织的优势，在正视基于网络的协同科研组织存在的局限的同时，必须对于影响基于网络的协同科研组织运行绩效的关键因素开展研究。为此，Mora Valentin（2004）、Barnes（2006）、Mann（2006）、Weck（2006）等人曾就 IBVRE、^{my}Experiment 等虚拟研究环境支撑建立起来的基于网络的协同科研组织做过实证研究。研究发现，这些技术平台在易用性、健壮性、可操作性等方面都很不错，但最终保障基于网络的协同科研组织整体运行绩效的因素主要体现在组织能否让合作成员感觉到学术社区的存在,是否能建立起归属感,是否能感受到被关注。所以,基于虚拟空间建立起来的研究人员之间的关系至关重要,这种关系的核心在于信任,依赖于信任,思想的交流才能走向深入,研究成果的知识产权、版权问题才能合理的解决。同时为了保证对学术道德失范行为的约束,支撑协同研究的网络平台在通讯与监控上应采用身份认证、文件数据的加密等手段确保学术资源分享的安全性。本研究对上述四项研究成果进行梳理、比较后,形成了如表4—1所示的影响基于网络的协同科研组织运行绩效的四个关键因素:

表4—1　　　影响基于网络的协同科研组织运行绩效的关键因素

因素	因素详解	观点来源
信任水平	合作伙伴间的相互信任与尊重,良好的个人关系,简单的合作协议,对彼此能力明确而诚实的了解	Mora Valentin, et al. (2004) Barnes, et al. (2006) Mann L. (2006)
承担责任和领导能力	来自各方的对管理的承诺,各方在项目团队中的积极参与,足够的资源,互补的专家队伍,拥有必要的权威、各方都能接受的领导者	Barnes, et al. (2006) Weck M. (2006)
透明度和清晰度	没有隐秘的议程,各方了解彼此的研究责任和研究任务,明确定义的目标,互相都能接受的研究计划、研究目标和重要的研究节点及项目的研究边界	Mora Valentin, et al. (2004) Barnes, et al. (2006) Weck M. (2006)
通讯和监控水平	合作伙伴间的有效沟通、定期接触,基于各方已经达成一致认同的研究节点,对研究进度定期监控	Mora Valentin, et al. (2004) Barnes, et al. (2006) Weck M. (2006)

首先,组织成员间的信任程度是影响基于网络的协同科研组织运行绩效的首要因素,信任行为的发出首先源于基于网络的协同科

研组织的倡导者或者管理者，管理者必须具备对组织愿景的清晰认知，具备领导组织成员协同完成研究任务的能力。其次，信任行为的发出是基于组织管理者对试图参与到基于网络的协同科研组织的成员的查询与筛选，如果试图参与者没有对基于网络的协同科研组织目标的认同，缺乏相应的专业技术知识和协同研究能力，这个成员就很容易被认定为搭便车者（Free-Rider）而非贡献者和积极参与者。为了保证参与到基于网络的协同科研组织的成员能够认知到组织的未来愿景，麻省理工学院（MIT）计算机系统生物学创新工程CSBI 明确宣布要把研究方向着力聚焦于"创建能够为生物变化过程进行全面系统分析的试验方法和数据模型"，合作成员必须对这一研究方向有明确的认同。以普渡大学为召集单位的六所大学共同构建的 nanoHUB 在其网站上也明确宣示了该组织研究集中于"纳米电子学、纳米机电学、纳米光子学和生物医药纳米仪器"，希望合作成员能围绕共同的研究目标开展工作。因此，选择目标一致并且能力互补的合作伙伴是确保信任的基础，更应签订契约以规范参与到基于网络的协同科研组织的每个成员能积极地贡献学术资源和主动完成研究任务。

　　表4—1 的透明度与清晰度主要指参与到基于网络的协同科研组织的各方成员能共享讨论的议程，各方了解彼此的研究责任和研究任务，明确研究的目标，有互相都能接受的研究计划、研究目标和重要的研究节点及项目的研究边界。如果能够实现这些目标，就需要组织成员与组织领导者及其他成员间有足够深入的沟通，目标、任务的生成过程恰是组织成员的沟通交流、反复研讨的过程，只有建立起深度沟通的机制上述目标才可能实现，不然就是组织成员的各行其是。表4—1 中的通讯与监控水平主要指合作伙伴间能够有效沟通、定期接触，根据各方已经达成一致认同的研究节点，对研究进度定期监控。监控的发生不仅源于组织管理者基于组织的透明性对每个组织成员的研究行为、研究进程及与其他成员的交互行为的清晰把握，还有合作伙伴之间的相互监督与提醒，这样能有效防范

协同研究中的合作风险，组织管理者及参与者必须能识别并监控基于网络的协同科研组织运行中的合作风险。

基于网络的协同科研组织的信息技术使能性使其更易实现知识共享和知识管理，Mora Valentin、Barnes、Mann、Weck 等四人未在他们的研究中单独提及这一点，但我国学者把知识共享和知识管理视为影响基于网络的协同科研组织运行绩效的重要因素。如张宝生、王晓红（2010）在研究中指出，"虚拟科技创新团队作为一种优势资源的有效整合机制和从事创新性工作的知识密集型组织，知识的有效转移和持续流动是其成功的关键"；徐扬在研究中指出有效的知识管理模式能为基于网络的协同科研组织带来良好的组织文化和组织活力；冯新舟等人（2010）提出，基于网络的协同科研组织要实现知识创新就必须开展知识管理。如果再反观国外基于网络的协同科研组织的成功经验又会发现，麻省理工学院的 CSBI 把有关生物学、计算机科学、计算机系统生物学等方面的数据、最新文献、课题最新进展、各研究组的工作流（workflow）通过强大的知识管理系统管理起来，只要是合法的组织成员进入到系统平台中，就可以根据个人的权限随时访问到这些资源。法国利用基于网络的协同科研组织进行文化遗产数据的共享共用，研究人员进入到这个致力于文化遗产数据共享的虚拟研究环境（Virtual Research Environment dedicated to the exploitation of intra-site Cultural Heritage data）即进入到了一个庞大的知识库（Élise, et al., 2007），该平台不仅仅供用户浏览下载资源，还有接口供用户上传有价值的数据。从某种意义上来说，这个虚拟研究环境是一个复杂的知识管理系统，提供知识的存储、搜索、更新，为新知识的产生提供丰厚的基础。所以，实现协同科研中的知识共享与知识管理也是影响基于网络的协同科研组织整体绩效的关键因素。

第三节 实施信息化科研模式的概念模型

一 生命周期理论与科研组织虚拟化的发展阶段

早在20世纪60年代,图卡曼(Tuekman)就提出了团队的发展阶段理论,即组建——变动——标准化——业绩表现——解散。实际上,所有组织的发展过程都有意或者无意地遵循着普遍的生命周期理论。海瑞格莱等三位美国组织行为和组织发展专家于2000年出版的《组织行为学》一书中进一步完善了团队发展阶段理论,形成了如图4—4所示的团队发展阶段模型。

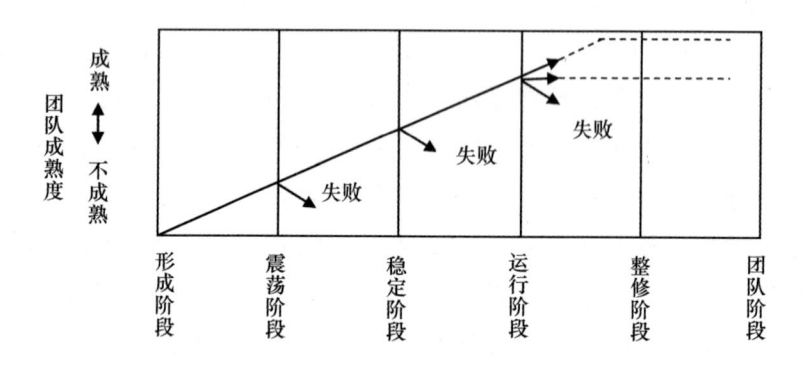

图4—4 团队发展阶段模型

海瑞格莱等人所提出的团队发展阶段理论中的形成、震荡和稳定这三个阶段其本质是对团队的组建,震荡的实质是人员新组合在一起的初期所进行的磨合,当成员之间建立起信任以后,组织便走向稳定。整修阶段的实质是团队的整顿阶段,团队运行过程中会发生人员的离开或新成员的加入,组织的结构与管理体制会发生调整,目的都是要使这个团队的运行保持高效,所以运行阶段与整修阶段也可以被合并视为是组织的运行阶段。

对六个国际案例的分析同样显示,基于网络的协同科研组织从生命周期而言一般表现为课题确立、成员选择与团队构建、组织运行与组织解体这样四个阶段。另外，欧盟就基于网络的协同科研组织的调查中对欧盟内十几个国家及英国、美国等多国研究人员对基于网络的协同科研组织的适应性开展了问卷调查，对八个基于网络的协同科研组织的创建、运行和绩效评估情况开展了综合调查（Barjak F.、Wiegand G.、Lane J.，et al.，2007）。这项研究分析的八个案例（AGSC，MoSeS，ComDAT，SPORT，DReSS，DOBES，TextGrid，FinGrid）显示，每个基于网络的协同科研组织经历了创立（Creation）、合作开展研究（Collaboration）、组织解体（Disintegration）这三个阶段的生命周期。欧盟就基于网络协同科研组织实施效果的调查未详细展开讨论基于网络的协同科研组织创立与合作研究两个阶段基于网络的协同科研组织的具体管理工作，对于组织解体，该研究提出在基于网络的协同科研组织执行完协同研究任务之后，应做好学术权益分配和知识产权归属的划分。本研究在考察关于肾上腺癌症的虚拟研究和虚拟癌症研究中心两个基于网络的协同科研组织的文献中也发现，这两个基于网络的协同科研组织每项研究任务结束后会根据参与方场地设施的投入及参与人员的工作量来最终确定研究论文的署名排序等问题。

基于网络的协同科研组织本质上是信息化环境下的协同科研团队，为了能对基于网络的协同科研组织的创建与知识生产过程实施科学的管理，对基于网络的协同科研组织生命周期阶段的划分十分必要，但关键要识别出基于网络的协同科研组织在构建及运行阶段的具体管理内容。

二 社会资本理论视角下信息化科研组织运行的概念模型

（一）协同研究中的社会资本理论

Nahapiet 和 Ghoshal 在 1998 年提出了协同研究中社会资本的重要性，他们把社会资本定义为团队协同行动的能力，包括信任、共享认知模式和处理复杂信息的能力等。社会资本理论探究了社会关系在协同研究中的价值，在集体层面，社会资本能加强集体行动过程中的目标趋同，在个人层面，社会资本为个人提供了重要资源，促使个人在团队中承担较为复杂和具有挑战性的任务，把协同、个人之间的相互联系视为提升学术能力的重要基础。在 Nahapiet 和 Ghoshal 提出协同研究中的社会资本理论之后，Edwards 和 Foley 在同一年指出，与其他资本不同的是，社会资本不是所有的人都能轻易获取，其他资本如设备、资料等有形资源能够通过购买获得，但社会资本需要在沟通、信任的基础上通过交换才能获得。研究者如果缺乏社会资本，就会在学术群体中陷入社交孤立，缺乏交互对象和研究共同体的归属，知识生产能力会受到抑制。

Nahapiet 和 Ghoshal 定义了三个维度的社会资本：结构（Structural）维度、关系（Relational）维度和认知（Cognitive）维度。结构维度是指社会团体中个体之间的联系，这种联系体现为个体之间具有黏合的基础，如具备共同的兴趣，团体中大家能够接受的领导者，团体能够实现有效的权力分配。关系维度是指团体成员间能够开展有效的沟通，互相具备信任关系。认知维度主要体现为团体成员能够认识到各自的专业特长，对团体的目标具有共识。根据这种多维度的观点，社会资本帮助个体能够在非正式的社会联系中获得重要的学术资源，团体能够集合社会资本有效处理信息。尤其是在关系和认知维度上，在团队协同中团队成员的能力能够获得发挥，个体的意愿与团队的意愿能够达成一致，基于社会资本的团队协同有利于产生信任、规范和认同感。因此，社会资本提供了知识创造过程中丰富的学术资源和协同发展的必要条件。

（二）社会资本视角下基于网络的协同科研组织构建与运行的概念模型

基于网络的协同科研组织支撑了信息化环境下的协同科研过程，作为解释协同研究的基础理论，社会资本理论为基于网络的协同科研组织从结构、关系和认知三个维度构建团队、集成资源和实施管理提供了理论指导的框架。

第一，在结构维度上，基于网络的协同科研组织必须确保组织成员能够成为一个共同体，共同体的产生或者源于共同的兴趣，或者源于从团队中能够获得个体学术研究所必需的学术资源，或者源于有集体接受的领导者等，因此，基于网络的协同科研组织须严格开展合作成员的选择，为合作成员间建构一种大家集体接受的基础关系。

第二，从关系维度上而言，社会资本理论强调团队协同中组织成员间的信任关系，要求组织成员间能够开展有效沟通。尤其是由于协同研究项目往往包括结构不良、开放式而且经常相互依存的任务（Olson G. M.、Zimmerman A.、Bos N. D.，2008），这样的任务一般是知识密集型的，要求共享显性、隐性知识，这样的隐性知识共享需要组织成员之间进行丰富的、大量的社会互动，团队成员必须学会协同，建立起共享理论框架，以便能够参与到知识密集型任务中去。

第三，从认知维度上而言，社会资本理论要求团体成员能够互相认知彼此的专业特长，要对协同研究团队的总体目标有共识。协同研究往往面临跨学科的研究任务，就这一点来说，协同团队中的成员可能对世界存在不同认识，会采用不同的方法解决问题。面对协同研究中的复杂任务，团队成员须为协同工作找到共同的认知基础，要通过更好地理解各成员的学术话语体系和研究方法开展有效的交流，换句话说，协同研究中要求成员必须学会在临时性的、非正式的社会结构中向着正确方向共同工作。

从以上分析不难看出，合作成员的选择、成员间关系的设定这两方面决定了基于网络的协同科研组织的结构基础，而对成员间信任关系和知识共享共建的要求又需基于网络的协同科研组织确保信任的达成、维持与激励。信息化环境下的协同科研既应从结构、关系、认知三个维度上建立协同研究的基础框架，又应充分利用网络信息技术来为协同研究的团队结构、沟通方式、知识共享共建提供强大的技术支撑。如果再把影响基于网络的协同科研组织运行绩效的关键因素考虑进来就会发现,信任水平、成员责任感、组织透明度的实现要依赖于基于网络的协同科研组织构建阶段做好合作伙伴的选择,设定好组织成员间的关系和组织的结构,必要的情况下应以书面契约的形式限制组织成员的行为,为成员间信任的建立打下基础;通讯与监控水平、知识共享与知识管理水平依赖于运行阶段的沟通顺畅,组织成员间能开展实质性的交流讨论。根据以上分析,本研究提出如图4—5所示的基于网络的协同科研组织构建与运行的模型。

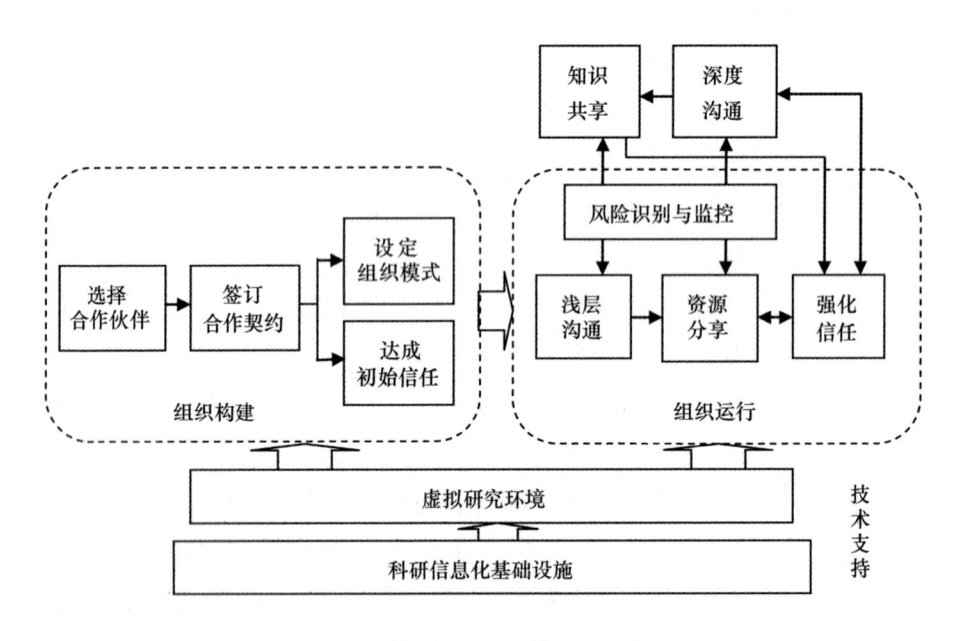

图4—5 基于网络的协同科研组织的构建与运行模型

图4—5所示模型既是基于网络的协同科研组织构建与运行过程的概念模型,也是基于网络的协同科研组织的管理模型,展示了基于网络的协同科研组织在构建阶段、运行阶段相应的管理内容。在基于网络的协同科研组织中的协同科研首先需要选择具有目标一致和能力互补的合作成员,这两项条件的满足能确保组织成员有开展科研协作的动机,其次在组织结构上应能合理地分配权力和建构成

员间关系，以此保障组织参与者有资源分享的意愿，并通过有一定法律约束力的合作契约构筑强制性的行为约束。

在基于网络的协同科研组织的结构已然达成的前提下，协同科研过程的知识共建植根于组织成员间的深度沟通。之所以在此强调深度沟通，是因为与深度沟通相对的浅层沟通仅是完成组织成员间的互相认识，成员间互信度较低，成员间无法开展如彼得·圣吉（2009）所说的深度会谈，缺乏就复杂议题展开的讨论，分享的知识主要是显性知识，缺乏隐性知识的分享。深度沟通是在组织成员间有充分信任基础之上的深度会谈，由浅层沟通走向深度沟通是组织成员间关系由弱连接向强连接（马修·弗雷泽、苏米塔拉·杜塔，2012）的转化，强连接能更有效地促进隐性知识的分享和知识的转化。此外，深度沟通以强化成员间的信任促进知识共建，反过来因为有了知识产出和深度沟通，学术互信才能进一步得到加强。为此，基于网络的协同科研组织在运行阶段应着力建设深度沟通机制，需综合运用多种交流方式，提高面对面交流的频率等。但由于学术研究是一个充满不确定性的过程，会存在着各种各样的风险，谁也无法保证初始设立的研究目标就一定能最终达成，基于网络的协同科研组织的管理者应充分清醒地认识到学术研究的不确定性因素，要持续地识别与监控合作风险。

图4—5中所示的科研信息化基础设施和虚拟研究环境是支撑基于网络的协同科研组织构建、协同科研的网络信息技术平台，平台功能的适用性、完备性能为基于网络的协同科研组织的构建和协同研究提供保障，尤其是在学术交流工具和知识共享共建工具这两大方面提供基础支撑。以基于网络的协同科研组织构建与运行的概念模型为分析框架，接下来的第五章将对基于网络的协同科研组织的构建模式展开讨论，第六章将详细分析基于网络的协同科研组织运行阶段的管理内容及技术支持平台的功能设置。

第 五 章

基于网络的协同科研组织的构建模式

　　第四章提出的概念模型为本研究分析基于网络的协同科研组织的构建提供了基本框架。组织构建阶段主要是合作成员的选择、组织模式的设定及为后续的运行做出契约规定，构建阶段要考察合作成员核心能力上的耦合度和研究目标的一致性，同时，这些组织以后运行的效果也反映出合作成员间能否达成信任是以后能否持续合作的一个基础，信任的达成既依赖于合作者以往的相互了解，更要靠组织建立适当的契约制度进行约束与规范。

　　在对基于网络的协同科研组织的案例考察中本研究也发现，麻省理工学院的 CSBI 明确宣布了该组织聚焦研究的领域，参与者要么是通过组织已有成员的推荐加入该组织，要么是向 CSBI 的核心管理委员会提出申请，在经过动机审核、能力考察和契约签订之后才能加入该组织。Sinnott 等人（2011）就关于肾上腺研究的虚拟组织的研究报告中显示，该组织的创建者明确规定了所有进入到协同科研平台的医疗人员必须要能向他人分享手术录像、病历和医疗过程数据，然后才能浏览下载平台上的公共资源库。新西兰奥塔哥大学的基于网络的协同科研组织（CICERO）中专门设置一个由六名管理者组成的研究小组负责招募合作成员。ResearchGate 这一全球最大的虚拟研究社区，每个研究小组的研究成员都有对其他人而言完全透明的学术履历。

　　基于网络的协同科研组织构建的核心环节在于对合作成员的遴

选以及确保合作成员具备参与基于网络的协同科研组织的正确动机，要在虚拟组织的建立之初通过契约签订规制合作成员在基于网络的协同科研组织中的行为。基于网络的协同科研组织要依赖于技术支持平台和其他有形的学术资源，但组织成员的存在是基于网络的协同科研组织成为研究团队的核心所在，本研究把合作成员的选择与合作契约的签订作为对基于网络的协同科研组织构建模式研究的主要内容。

第一节 基于网络的协同科研组织的构建

一 合作伙伴选择的原则

在分析英国曼彻斯特大学和南安普顿大学合作设计的^{my}Experiment 时发现，该虚拟研究环境在使用过程中有来自医学、生物学、化学等多个学科人员的参与，该虚拟研究环境的使用特别强调对使用人员基础能力的考察，并且在设定研究目标时，该工具为所有参与者提供了一个公共讨论的空间。合作成员的选择与研究目标的设定成为虚拟研究环境提供的一项基本功能。在^{my}Experiment 的使用说明中提到，要使用这个工具搭建起合作研究的社区（Community）必须使合作成员有共同的研究目标，有互为补充的核心能力（core competence）。此外，欧盟就基于网络的协同科研组织的实施效果的调查中把组织成员的选择视为影响基于网络的协同科研组织构建成功与否和运行是否顺畅的一个关键因素，参与者要利用信息技术进行组织的形塑，这种组织方式被称为基于技术的社会形塑（Social Shaping of Technology，SST），该调查显示，这种组织形塑过程对参与者的协同能力（Coordination Competence）提出了很高的要求。美国宾夕法尼亚大学的 John M. Carroll 和 Jing Wang 等人在 2011 年通过对虚拟组织构建阶段的关键要素进行考察，提出了一个合作成员必须具备共识（common ground）的思想，即使初始阶段这个共识还很模糊，但随着组织的发展完善，这个共识必须得以清楚地建立。董鹏刚（2005）等人认为构建基于网络的协同科研组织的初期必须先重点考虑如下几个因素：一是可能的合作成员间是高度耦合的还是相对独立的；二是可能的合作成员所拥有的资源是互补的还是重复的；三是基于网络的协同科研组织能否拥有足够的场地、资金、设施、资料等学术资源。这些案例考察和文献研究显示出，能参与到基于网络的协同科研组织的合作成员必须具有互为补充的核心能力、要有适当的协同能力、要有互相高度认同的价值观和总体一致的研究目标。

（一）合作成员要具有互为补充的核心能力

基于网络的协同科研组织所要解决的问题往往都是具有前瞻性、高风险性和跨学科的学术课题，这要求参与基于网络的协同科研组织的成员必须具备很强的学术能力，具体而言，要有很强的科研和创新能力、有较强的学习能力、并且要有责任感和自律性。最为关键的是，合作成员必须具备其他成员所不具备的核心能力，如特有的学科背景、丰富的问题解决经验或者独到的学术视角，众多合作成员核心能力的优化组合能成就基于网络的协同科研组织的综合优势。如中国的互联网应用创新开放平台联盟（IIU）以充分挖掘联盟成员的核心资源为基础，然后进行集成。基于网络的协同科研组织的成员组合不是能力的简单相加，而是产生乘数效应，这样合作产生的价值更大，创新性更强。

（二）合作成员要有适当的协同能力

基于网络的协同科研组织对协同能力的强调要远远超过传统实体组织对协同能力的要求。首先，基于网络的协同科研组织是基于信息基础设施架构起来的，合作成员主要依靠信息技术开展同步或异步的沟通，所以，这种协同能力对合作成员的信息技术水平要求较高。CSBI 和新加坡—麻省理工学院联盟 SMA 都把合作成员的信息技术水平培训作为虚拟组织良好运作的重要基础，这些信息技术既包括邮件、即时通信工具，还有计算机支持的协同工作（Computer

Supported Cooperative Work，CSCW）软件、可视化研究软件等工具；其次，基于网络的协同科研组织作为虚拟组织，不是传统物理空间内从这间办公室到那间办公室，或者从这栋楼到那栋楼这么简单地实现面对面的沟通，而是跨越学科、跨越学校、甚至跨越国界的沟通，存在不同科研组织间的文化差异，甚至还有东西方文化的差异及宗教的差异等，对基于网络的协同科研组织合作成员的文化适应性也要求较高。

（三）合作成员要有互相高度认同的价值观和总体一致的研究目标

研究者之所以要在众多可能的合作者中选择彼此作为合作方，前提是彼此有非常相似的价值观。首先，基于网络的协同科研组织作为学术创新组织，对学术研究成果的价值诉求要有高度的一致性，这样才能保证合作成员间的密切协作。作为一个极端的学术研究案例，如对计算机安全问题的研究，有以保护信息系统安全为目的的善性追求，有以寻找信息系统漏洞、破坏信息系统安全为目的的恶性追逐，持这两种不同价值追求的人不可能有协作，即使发生协作，也会因价值观的不同而形成极其不同的研究设计，最终这样的虚拟研究组合也必然走向破裂。其次，基于网络的协同科研组织合作成员对合作中的双赢、多赢价值观必须要有高度的认同。否则各怀心机、打自己的算盘，那样学术资源无法高效共享、学术成果的知识产权也无法得到有效保护。如 DragonLab 的虚拟教学中心要求各参加的院系所必须释放自己的学科优势，共同为工程教学贡献资源，而不能固守自身家底。第三，从学术文化层面，合作成员间必须具备能相互理解和相互包容的学术文化。这点在传统的协同科研组织中经常被忽视。任何一个科研组织经过长时间的积累和沉淀都会形成自己特有的组织文化，同一个院系内不同教授领导下的研究小组都会形成自己的特色，何况是跨越院系、学校和国际性的基于网络的协同科研组织。在构建基于网络的协同科研组织之前，合作各方必须对各自的学术组织文化进行充分考虑，保证合作过程中的相容。

互补的核心能力、适当的协同能力、高度一致的学术价值观和研究目标这三点是基于网络的协同科研组织合作伙伴选择的重要原则，缺一不可。其中互补的核心能力是基础，适当的协同能力是合作成员间密切协作的技术和技巧，高度一致的学术价值观和研究目标可以保障合作伙伴间能无缝地融合，从而最大程度上减少内耗与风险，进而提高科研产出的效率和效益。在具体的基于网络的协同科研组织构建过程中，不同的组织应根据这些原则并结合自身的优势和学术文化特性，适当增加或减少对合作伙伴的要求。

二 合作伙伴选择的步骤及指标体系设计

对合作成员的选择既要设定基本的原则，还要形成清晰的步骤。当前，关于学术领域基于网络的协同科研组织合作成员选择的步骤分析在 CSBI、nanoHUB 等案例介绍中有所提及，但尚未见诸文献研究。与学术领域不同的是，在企业领域研究虚拟组织合作成员选择的文献并不少见，如张天瑞（2010）在研究中提出虚拟组织的选择要有初选和优选两个步骤，初选主要从核心能力、资源的视角形成候选范围，优选则从合作的可能性、协同研究能力、信息技术水平等角度分析候选成员能进入虚拟组织的可行性。徐若梅（2006）在研究中强调了对合作伙伴核心能力的定性分析，提出了合作伙伴选择的两个步骤，一是识别核心能力、确定合作伙伴范围；二是合作伙伴定性评价，该定性评价是对通过核心竞争力检测的潜在合作伙伴进行综合评价，根据综合评价的结果选择理性的合作伙伴，综合评价的过程依赖于综合指标体系的建立和评价方法的综合运用，这些评价方法包括层次分析法（AHP）、神经网络法、模糊评价法（FCE）等。王挺等人（2010）所著的《信息时代下的虚拟研发团队管理》中提出了网络协同环境下虚拟研发团队成员选择的决策过程，王挺的研究是基于虚拟组织的创建者或者发起者已然确立了组织工作目标的情况下来招募合作成员，在其决策过程模型中包含如下 5

个具体步骤：①分析自身的优势与不足；②确定团队合作伙伴的角色；③构建团队成员选择的评价指标体系；④利用网络协作信息平台公开招募；⑤评价选择。

如果对上述三项研究进行比较可以发现，张天瑞和徐若梅所确立的两个步骤中的第一个步骤都对核心能力给予关注，第二个步骤则强调了协同研究能力，具体包含了信息技术水平、团队合作技能和文化适应能力等。王挺没有提出进一步选择成员时的具体步骤，但将合作成员加入组织后的角色作为选择成员的重要依据。以上三项研究除了张天瑞之外，徐若梅和王挺都对合作成员的评价指标体系给予了高度重视，把评价指标体系的建立及依据指标体系选择成员作为了合作成员选择的核心环节。企业领域虚拟组织合作成员选择的策略研究为基于网络的协同科研组织构建阶段的成员选择提供了启发，基于网络的协同科研组织的合作成员选择的主要工作在于制订成员选择的指标体系，然后是依据该指标体系遴选合作者。根据这个思路，本研究把基于网络的协同科研组织的合作成员选择细化为如图5—1所示的五个步骤。

第一步：设定研究方向或课题范围。这一步由基于网络的协同科研组织的发起人召集相关学科和相关研究的专家组织讨论确定，发起人和相关专家也是参与者的评审者、审核者。第二步：确定对合作者的核心能力及拥有资源的预期。正是根据对研究方向和课题范围的设定，发起人和相关专家要把可能进入本组织的合作成员应具备的知识基础、专业特长、研究履历、自身已经拥有的学术资源形成清晰的评价指标体系（指标体系Ⅰ），这几个方面是对合作成员核心能力的界定。第三步：发起人和相关专家通过在网络上或者在相关机构、相关学科领域内发布招募信息，对参与申请或获得推荐的研究人员根据第二步确立的指标体系进行评价遴选，形成初选的合作成员名单，这是合作成员选择的初选。第四步：合作成员除了具备核心能力之外，还必须能够具备在网络空间开展协同研究的意识与技能，为此要构建出合作者基于网络协同研究能力的评价指标

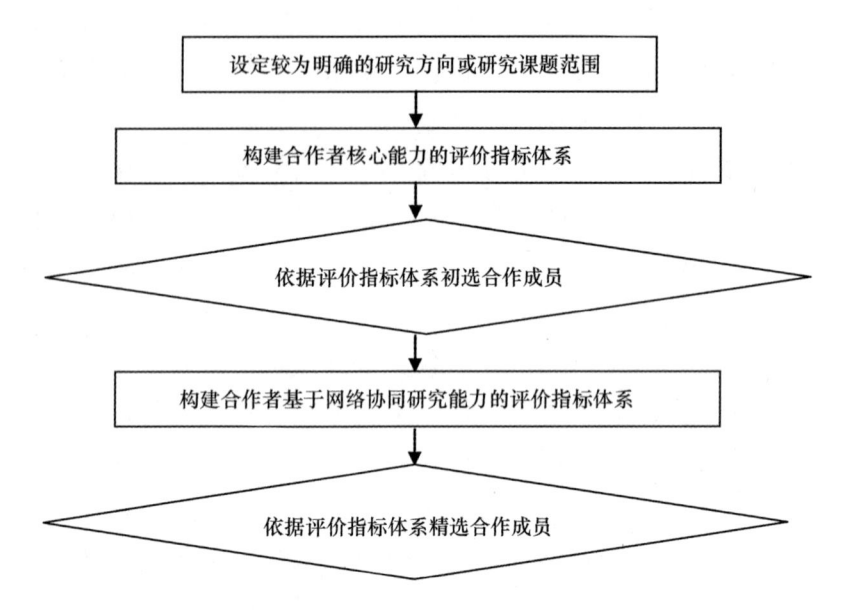

图5—1 基于网络的协同科研组织的合作伙伴选择步骤

体系(指标体系Ⅱ)。第五步:根据第四步构建的指标体系Ⅱ对候选合作成员进行精选,形成最终的合作成员。

从以上步骤分析中能够看出,两个指标体系的形成对于能够选择到适于参与到基于网络的协同科研组织的合作成员至关重要。其中指标体系Ⅰ侧重于对合作者核心能力的评价。核心能力首先是指合作成员要有能证明自身研究实力的成果,如发表的学术成果;其次是合作成员要能与基于网络的协同科研组织可能的其他合作成员开展对话,在某个领域有共同的知识基础;第三是要能认同基于网络的协同科研组织的研究目标;第四是以往学术成果要能够证明该成员的研究方法、研究特长能与基于网络的协同科研组织所设立的研究任务形成支撑;第五是合作成员应拥有或者能为组织带来一定的学术资源。表5—1所示是根据上述分析形成的评价指标及含义说明。

表 5—1　　　合作成员选择中核心能力的评价指标及含义

指标	含　义
学术研究水平	成员长期以来的学术积累、学术成果
共同的知识基础	与其他合作成员拥有在某个领域共同的知识基础
研究目标一致性	能认同基于网络的协同科研组织所确立的研究目标
学术积累互补性	以往学术贡献、研究方法与特长方面能与其他合作成员互补
学术资源互补性	在所拥有的场地、设施、资料等方面能与其他合作成员互补

指标体系 II 侧重于对合作者协同研究能力的评价，协同研究能力表现为具有一定的交流沟通能力和文化协调适应力，能够清晰表达个人的观点，也能倾听同行的异议，要具备团队合作所要求的协作精神。更为重要的一点是因为是开展虚拟空间中的协作，所以合作者必须具备足够的信息技术水平。并且有成员所属实体组织的支持与认同，这样才能保证长期的合作。表 5—2 所示是把以上协同研究能力具体化为五个方面后形成的评价指标与含义说明。

表 5—2　　　合作成员选择中协同研究能力的评价指标及含义

指标	含　义
信息技术水平	合作成员所在组织有较为完备的信息网络基础设施，有熟练的信息技术操作能力
文化协调适应力	有对文化差异的包容性，最好能有在不同文化背景下学习工作的经历
交流沟通能力	对学术交流与沟通的重要性有高度认识，善于表达个人学术观点，能倾听其他学术同行的异议
人际关系能力	能正确对待权力与冲突，确信相互平等、信任与尊重是学术合作的基础
团队合作技能	有较强的组织观念和集体认同意识，善于协同与配合他人的工作
合作的客观条件	有所在实体组织的支持，能实现面对面（Face to Face，FtF）交流，并有长期合作的可能性

对于上述指标体系的具体应用，现在已经形成了一些较为成熟的方法，我国学者已经对这些方法做了较为成熟的研究，如胡茜（2009）基于层次分析法（AHP）和数据包络分析法（DEA）对合作伙伴进行综合评价与筛选，张天瑞（2010）应用模糊综合评价法和蚁群算法对合作伙伴不仅仅进行筛选，而且提出了对成员的优化组织策略。

第二节　基于网络的协同科研组织中的契约设计

一　签订合作契约的必要性分析

本研究在跟踪国内影响力较大的学术社区小木虫论坛中发现，该社区因为组织松散，社区对每个学科组人员的发言和分享行为没有任何显性约束，讨论话题的持续性、深度都严重不足，经常是浅尝辄止。所以说，基于网络的协同科研组织的合作成员都是具有较高创造性的知识生产者，很容易根据个人的兴趣和喜欢而偏离初始设定的研究轨道。

不同于松散的公共学术社区，组织较为严密紧凑的基于网络的协同科研组织一般都聚焦于某个学术领域，但组织成员的资源分享行为确较难形成约束。如我国上海市教委组织建设的系列 E - 研究院中的上海中医药大学中医内科学 E - 研究院首席研究员就指出在没有硬性规定的情况下，组织成员很难将数据资料互相分享。美国 NSF 的 VOSS 资助项目"Building Shared Leadership to Strengthen Virtual Team Effectiveness"（用建设共享领导力的方式加强虚拟团队效果）发现，以资源分担为基础使组织成员共享对基于网络的协同科研组织的领导力有助于虚拟团队的运行绩效。所以应通过契约的方式约定组织成员的资源投入比例，这样就便于在一个研究项目结束之际处理知识产权、版权的归属纷争。

更为值得重视的是，由美国 NSF 资助的 VOSS 项目 "Collaborative Research: Impact of In-Process Moderation on Open Innovation Collaboration"（协作研究：开放式创新合作过程的调节作用）指出，基于网络的协同科研组织作为一种开放式的甚至于公众参与式的科研组织模式，很容易导致数据资料的泄露。可见在虚拟空间中的学术灵感（idea）和重要的数据资料很容易被缺乏学术操守的人引为己有或向外随意散播，由此造成学术研究中知识外泄的风险。

基于网络的协同科研组织是由具备不同核心能力的人员组成的动态联盟，因此基于网络的协同科研组织具有"多利益团体"的属性（徐若梅、王硕，2006），每个合作成员都会把自己视为重要的利益攸关者。正如欧盟对基于网络的协同科研组织的调查中所呈现的那样，基于网络的协同科研组织中的每个成员都具备较大的活动自由度，这给组织成员的管理带来了相当大的难度。因此，在基于网络的协同科研组织构建之初签订合作契约非常必要。契约俗称合同、合约或协议，它是制度的一种明确的、条文化的符号形式，它所表现的是要求成员共同遵守的、按一定程序办事的规程。契约是要求合作方或者活动的共同参与者共同遵循的一种规则，其中隐含着某种共同接受的愿景和理念，能引导合作各方向同一目标前进，基于网络的协同科研组织必须基于契约对合作成员的研究行为进行一定的约束。

二 合作契约的分类与内容设计

（一）用心理契约保障科研组织共同愿景目标的建立与维持

管理心理学家 Schein（1992）曾提出用心理契约（Psychological Contract）的形式来约束组织成员的行为，他认为心理契约是"个人将有所贡献与组织欲望有所获取之间，以及组织将针对个人期望收获而有所提供的一种配合"（卫琳，2006）。心理契约蕴含了组织成员之间、组织成员与组织管理之间的一种相互期望，这种期望的达成不是依赖外显的协议文本，这种互相的期望不被其他组织所分享。

Schein 在提出心理契约的概念之后，Jackie（1997）等人在研究中又指出，组织是一个以心理契约为原则的集体，对心理契约的履行可以在提高成员对组织的承诺方面起到极大的促进作用。心理契约是连接组织成员的一种无形力量，能有效提升组织成员对组织目标的认同感和凝聚团队的智慧、创造力，能保证组织成员基于共同的目标分工完成各自的任务。

成员选择是基于网络的协同科研组织成功构建的基础，但因为虚拟空间中的交流面临诸多信息技术带来的限制，会引发组织成员对组织目标认同的差异，所以即使已经加入到基于网络的协同科研组织的成员也会随着研究的进程而发生合作动机和协同研究积极性的变化，这是基于网络的协同科研组织的管理者必须高度关注的内容。如果把心理契约的形式引入到基于网络的协同科研组织的创建之初，即通过组织管理者与成员之间的紧密沟通和对话，使组织成员对组织的目标、愿景有更为深刻的认知，在个人研究目标与组织研究目标之间达成高度的一致，就能减少后续协同研究中目标偏离的风险，促使成员进行自我协调、自我检查并纠正与组织总体目标的偏差。通过上述策略，在个人与组织之间建立起无形的"心理契约"就能使组织成员明确组织愿景的实现都是其个体研究行为与组织目标保持一致的结果。

心理契约本质上是一种无形的约定，不同于书面上签署的合同、协议，心理契约没有法律上的约束力，对契约"签订者"构不成强制性的约束。但大学、科研院所的研究者更易表现出对学术追求承诺的坚守，正如伯顿·克拉克所说的对学科的"忠诚"是学科得以持续发展的基础，基于网络的协同科研组织一旦建立起这种个体与组织间的心理契约，那参与者的行为就更多地来自于自觉而非强制，组织的管理者必须高度重视这种心理契约的作用，这是组织能持续发展和组织目标能够实现的保障。

（二）用行为契约约束组织成员的研究行为及利益分配

王英俊（2006）提出了虚拟研发组织的契约网络的概念，契约网络被认为实际上就是合作网络，建立在双边或多边规则的基础之上。契约要明确各成员组织的责任、权利和义务以及具体的工作任务和目标，并保护各成员的知识产权。同时要通过有效的系列化规章制度建立科学规范的内部管理制度，对各成员的活动进行奖罚与规范，以创造一个安全协调的环境，保证组织的有效合作与高效运行。Mc William（2012）从增加组织成员社区归属感的视角提出用合作契约来规范虚拟组织中的成员行为，使成员建立起与在实体组织中开展科学研究时相同的责任感，把合作契约的内容限定为资源分享、进度监控、权益归属三个方面。在对 CSBI 的案例考察中也发现，CSBI 的管理者与每个即将成为组织正式成员的参与者都签订一份合作契约，规定参与者必须第一时间把获取到的数据、文献分享到 CSBI 平台。从以上分析可以看出，基于网络的协同科研组织在构建阶段用契约的形式来限定组织成员的研究行为及利益分配是基于网络的协同科研组织管理的重要策略。

与上述约束组织成员对研究愿景认知的心理契约相区别，本研究把约束组织成员具体研究行为的契约定义为行为契约，从传统的科研合作契约及协同科研平台、科研协作系统中都可以发现行为契约的一些内容。如传统的科研合作契约主要体现在资源投入、任务分工、进度安排、权益归属等四个方面（谢彩霞，2006）。当前基于网络信息技术的科研协作系统集成了传统科研协作的大部分内容，同时又加入诸多新的规定。国外两个应用较广的科研协作系统 Mendeley 和 Asana，及中国的 NoteFirst 和中国科学院的科研在线平台，在应用网络技术开展科研协作方面都设置了一定的合作契约，包括合作成员加入的审核与引荐制度、文档协同撰写的规定、资源发布与下载的规则、关键数据的密文传送协议等等。根据以上分析，本研究把基于网络的协同科研组织的行为契约设计为如下四个方面。

1. 资源分担。契约制定过程中应与合作各方做出商定，各方依据各自优势有哪些资源投入，基于这些投入，后期的回报权益具体有哪些。这部分必须做出非常详细的说明，因为资源投入的扯皮会极大地影响研究进度和合作各方的研究积极性。在这里尤其需要强调的是，基于网络的协同科研组织虽然名为"虚拟"，但其与传统研究组织一样，要依赖丰厚的研究经费、先进的仪器设备和充足的场地设施，合作各方都必须就这点达成共识。基于网络的协同科研组织的形成不是仅仅为了削减研发投入，而是促进更大程度和更深入的学术交流，提高知识产出的效率，因此合作各方的资源投入可能不仅不会减少，甚至还会增多。

2. 利益分配。公平合理的利益分配是基于网络的协同科研组织激发合作成员积极性的重要措施，利益分配是否合理，直接关系到基于网络的协同科研组织的运行成效与发展前景。若从公司治理理论角度看，利益分配机制建立在任务分配制度和成本分担制度基础之上。若从博弈理论的视角来看，基于网络的协同科研组织必须能够实现每个成员所获利益应比不参加虚拟组织时多，基于网络的协同科研组织所获的总利益应大于各成员在构建虚拟研发团队前独立研究所获利益的总和，利益分配应该与资源分担、风险分担相对应（王英俊，2006）。

3. 绩效评估。这部分是契约制定中较难落实的内容，之所以较难落实，是因为大学、科研院所中的学术研究不同于企业面向市场的研发，其基础性和不可预测性更强，因此很难评价和衡量某个研究者或研究组织在一段时间内的研究绩效。为此要形成综合性的评价指标，如要综合考虑合作成员在研究期间贡献的数据、案例、论文、专利和参与的学术讨论等，在契约中应列出绩效评估的参考指标。现在已有支撑基于网络的协同科研组织的协同科研平台详细记录每位参与者的社区讨论活动和资源分享行为，然后基于这些学术交流日志来确定基于网络的协同科研组织参与者的贡献。

4. 风险控制与防范。基于网络的协同科研组织比传统的实体科研组织更容易造成研究成果的外泄，因为基于信息技术的数据信息的流动性极强，更多知识以显性知识的形式而存在，显性知识比隐性知识更容易泄露。研究过程中的敏感数据信息要得到保护，研究成果要在征得全体研究人员同意的前提下以基于网络的协同科研组织的名义公开。所以，合作契约中明确规定数据信息传递过程中的加密解密措施就非常重要，甚至要明确限定不能在公共的通信工具中传送敏感数据信息。除了信息技术工具层面的限定外，还要以明确的惩罚性措施限定研究人员的败德行为，保证有效的防范与控制知识的随意传播。

第 六 章

E-SCIENCE 科研范式下科研组织的运行管理及技术支持

第四章提出的概念模型为本研究分析基于网络的协同科研组织的运行过程提供了基本框架，基于网络的协同科研组织运行阶段主要是在深度沟通基础上的知识共享。Krishnar（2008）在分析基于网络的协同科研组织的运行过程时，着重分析了沟通渠道的建立及促进沟通的各项措施，他认为基于网络的协同科研组织最主要的是能够连接起组织成员的大脑协同思考、知识共建，因此沟通机制的建立被视为基于网络的协同科研组织运行的核心所在。与 Krishnar 观点相似，Bo-Jen Chen 和 I-Hsien Ting（2013）则认为基于网络的协同科研组织主要是促进沟通的达成，在沟通过程中使组织成员间能够互相关注，最终形成关键用户（Key Users），然后依赖这些关键用户实现学术资源的集散。Da-liang Zhang 和 Yuan-yi Zhang（2013）在分析基于网络的协同科研组织运行过程中把每个成员受到关注视为组织运行成功的关键。美国 NSF 资助的 VOSS 项目 "Creating Global Multi-lateral Knowledge-Sharing Communities of Practice"（创建全球多维度的知识共享社区）提出基于网络的协同科研组织的管理关键在于通过组织实现知识管理，基于网络的协同科研组织首先是一个知识共享的社区，基于网络的协同科研组织的管理者要发动全部合作成员对知识进行积累和共享。

促进组织成员间的深度沟通是基于网络的协同科研组织运行成

功的一个关键表征，基于沟通实现知识共享被视为基于网络的协同科研组织运行管理的核心环节。徐杨（2010）在分析法国知名的基于网络的协同科研组织 GdR-MACS 时就发现，该组织根据知识管理的原则定义自己的组织文化，包括一些核心的规章、具体的标准和尺度、任务评估方法、组织氛围和行为、管理模式、具体的决策步骤和行动过程、组织结构、成员间的沟通系统等。可以说，基于网络的协同科研组织的核心优势在于促进研究成员间的互联互通，进而依赖网络信息技术实现便捷的知识共享。本研究对基于网络的协同科研组织运行机制的分析主要从沟通策略与知识共享管理两个方面展开研究。

第一节 基于网络协同科研组织中的沟通管理

一 影响沟通质量的因素分析

Walther（2007）等人研究了虚拟组织的各种沟通方式之后认为，与传统的面对面交流相比，虚拟组织中以人机文本通信为主的沟通方式可能会歪曲或难以传递丰富的表情、声音、体态语言等非言语信息，但这种限制可以采用语音通信、视频对话等方式获得一定程度上的弥补。更重要的是，在基于网络的协同科研组织中，跨文化沟通、参与者信息技术使用水平的差异等对沟通质量的影响同样不容忽视。

因为网络化科研组织中的国际合作较多，跨文化沟通较为普遍，在由法德两国学者联合完成的"Virtual Research Lab: A New Way To Do Research"（虚拟研究实验室：一种新型的研究方式）（Tichkiewitch、Shpitalni、Krause，2006）一文中展现了一个由 12 个研究机构、220 名研究者组成的基于网络的协同科研组织的运行实况。该研究显示成员沟通中由短时或快速信任（Swift Trust）向长时或持久信任（Long-time Trust）的转换面临比传统合作更大的挑战，同为欧盟成员国的法、德两国科学家在这种国际化交流中受到了知识因素、情感因素、展现自我的能力等三个方面的影响。其中展现自我的能力是指基于网络的协同科研组织的合作成员应能对自身的语言信息、非言语信息、行为特征及自身角色有较为清楚的认知，基于学术研究的需要在虚拟社区或者真实的物理空间中向合作成员表达清楚自己要传播出去的信息。就展现自我的能力这一影响沟通效果的因素，美国 NSF 资助的 VOSS 项目"I Want You to Know Who I Am: Identity Communication and Verification in Virtual Teams"（我需要你知道我是谁：在虚拟团队中的沟通和身份验证）力图寻找促进基于网络的协同科研组织成员能让别人充分识别自己观点和特长的方法。

本研究在访谈中发现，信息技术使用水平的局限很大程度上制约了在虚拟空间中的沟通效果。比较典型的是受访者中的一位海洋学教授和一位公共管理学教授，海洋学教授提到了他与其他合作者在传递研究数据包时的情境，该数据包数据量较大，要采用分割的方式划分为 7 个小数据包进行传递，但在应用压缩软件进行数据压缩和编号时该位教授把数据包的编号标注错误，这 7 个小数据包通过电子邮件传递给对方之后，他的合作者把 7 个小数据包逐一解开后再行合并，然后进行数据分析后出现了匪夷所思的分析结果，为此这位海洋学教授与他的合作者花了将近一星期的时间寻找原因。管理学教授也提及自己多次不能找到从即时通信工具上下载下来的文件，迫不得已每次都要求其他人用电子邮件附件的方法给他传递文件。本研究访谈的中科院网络信息中心的技术开发人员指出，在中科院开发的科研在线平台上，在开发者看来非常便利的云端文件协同撰写模式，仍有大量研究者不会使用，仍采用传统的下载到本机修改再上传的模式，使得平台原有的文档版本控制功能发挥不了应有的作用。

其次，面对面交流的匮乏使深度沟通难以达成。对新西兰奥塔哥大学的虚拟医疗研究组织（CICERO）进行案例考察中显示该组织运行之初实际人员是 84 名，这些人之间都或多或少地有过面对面的交流，彼此之间有一定的熟悉度和信任感，但该组织的管理者在问卷调查中仍然发现，这些人在网络上交流时仍明显地体验到了虚拟空间的孤立感，经常要借助语音、视频通信甚至约好驾车到同一地点进行面对面的交流，以求获得深度沟通。可见基于网络的协同科研组织中的沟通仍以言语沟通为主，加之语音或可视化的沟通较少，难以使组织成员间达致无缝沟通和深度沟通。

第三，文化、语言的差异对沟通效果的影响巨大。如被访的一位经济学教授具备较好的英语阅读能力，但不能流畅地听、说英语，其在注册为 ResearchGate 社区用户后，想用英语与社区内的同行进行交流非常困难，每次在平台上发布消息都要求助于同事甚至英语较好的研究生，这极大程度上限制了该教授在虚拟空间的学术沟通。不仅是语言差异带来沟通障碍，文化上的差异更能限制学术沟通的深度和广度，上文提及的公共管理学教授一直致力于北极问题的研究，他参与了国内外为数不少的有关北极问题研究的学术社区，在社区中俄罗斯的学者普遍能比较友好和深入地与其开展交流，甚至互换文献资料，但日本、加拿大的学者对这位教授非常冷漠，几乎无法开展沟通。

二 沟通管理及主要沟通方式

李芬（2010）从对策论的视角认为在基于网络的组织中有效沟通有两个相互联系的维度：社会维度和任务维度，其中社会维度是指团队成员间的沟通主要用来发展他们之间的社会关系，任务维度是指团队成员的沟通是为了保证研究项目按期完成。从这两个维度出发，李芬认为要想得到有效的沟通，则基于网络的协同科研组织的管理者应既关注社会维度又关注任务维度，因为团队成员不太可能有意识地从社会维度来开展沟通，而主要是从任务维度开展交流。周登峰（2006）从虚拟组织的发展阶段来分析沟通策略的选择，认为虚拟组织的发展有形成、分化、整合和成熟四个阶段。周登峰认为形成阶段主要是完成初步信任和建立信赖关系；分化阶段是逐步形成组织所共有的意识、规范与活动方式；整合阶段是组织成员已经明确了自身的角色与定位，与其他成员建立了较好的默契，沟通策略上要建立起充满信任的组织文化；成熟阶段是成员之间已经建立起十分良好的沟通联系，网络空间的沟通与线下交流同时展开。国外学者（Urquhart C., et al., 2010）在分析了 myExperiment、ResearchGate 等科研虚拟社区后提出了基于网络的协同科研组织中学术沟通的四阶段循环理论。①建立阶段：创建一个虚拟的网络工作空间。②契约阶段：成员参与到这个平台，发布自己的研究履历，并且根据自己的兴趣参加到某个研究组。③活动阶段：群组活动开始出现，这增强了协作。④适应阶段：通过增强的协作，新知识得以生产出来。

上述研究显示，分阶段安排不同的沟通内容和沟通形式是当前基于网络的协同科研组织沟通策略的主要选择，但在基于网络的协同科研组织沟通管理中沟通方式的选择直接决定了沟通的质量，如即时沟通的效率高但难于记录存档，而异步沟通虽效率较低，但有深度，并且便于信息知识的提取。《管理者的整合》的作者伯尼·戴柯文曾指出，人们不可能单凭一种媒体建立有效的沟通与联系，因此，基于网络的协同科研组织应当考虑相关因素将多种通信技术有机结合使用，以提高团队的沟通效率，有必要把基于网络的协同科研组织常用的沟通方式进行归类与比较，为沟通的阶段化管理提供沟通方式的选择依据。表6—1是对基于网络的协同科研组织中沟通方式的总结与比较。

表6—1　　　　基于网络的协同科研组织中的沟通方式

技术形式	交流类型	优势	局限
文字聊天工具（例：聊天室）	同步交流	交流效率高，能获得即刻回复	容易产生不相关的信息，缺乏存档
基于文字聊天的网络会议工具（例：群组会议）	同步交流	交流效率高，支持匿名的反馈，容易激发创造性	易导致从众心理，淹没个人创造性，缺乏存档

续表

技术形式	交流类型	优势	局限
电子邮件	异步交流	有利于形成更坦诚的讨论，能够附带文件和存档	缺乏即时互动
异步讨论工具（例：BBS讨论区）	异步交流	容易聚集深入讨论问题，便于存档	缺乏即时互动
音/视频会议	同步交流	包含丰富的信息，能够形成更真实感的联系	较难实现存档和文档管理，信息提取困难
协同撰写工具（例：wiki）	异步交流	提升协作效率，容易激发创造性，强化联系，便于存档	随意性较强

表6—1中所有形式的沟通方式可给基于网络的协同科研组织提供非常方便灵活的使用时间及交流信息的途径，易形成富媒体化沟通。但是电子化的沟通不能完全取代实时的面对面交流，在应用电子沟通方式时必须正视这一点。麻省理工学院CSBI的管理者深刻认识到了这点，在其日常沟通管理中特别安排了时间较为固定的面对面交流活动。表6—1中沟通方式的选择不仅影响了交流的深度，而且与接下来将要展开讨论的知识管理密切相关，如电子邮件、文字聊天工具及会议工具能完整保留往来的信息和附件，后续可以查阅和追踪。尤其是文字聊天及会议中的信息可以被提取存档，能够实现信息的重复加工，便于实现知识管理，而音/视频会议中的信息提取则较为困难，难以实现知识管理。

第二节 知识共享管理

获取并共享合作伙伴的知识是各成员参与基于网络的协同科研组织的主要目的之一，但基于网络的协同科研组织的运行实践中确有各种因素制约知识的共享。本研究在问卷调查中也发现，有71%

的被访者认为学科背景的相似度是影响学术交流深度的主要因素，有50%的被访者认为信任水平是影响学术交流深度的主要因素。这些制约因素的存在对知识共享的管理提出了挑战。

对于知识共享（Knowledge Sharing），不同的学者可能用到不同的名词，如知识传递（Knowledge Transaction）、知识转移（Knowledge Trans）、知识分发（Knowledge Distribution），但其核心概念均为知识的共享、交换与发展的学术交往行为，正是在交往中才能实现知识的整合与产生，所以作为基于网络的协同科研组织运行管理的核心内容之一，通过机制设计调动组织成员知识共享的意愿显得尤为重要，同时技术支持平台应为知识的分发、传递、评论提供便捷的工具支撑。

一 影响知识共享的因素分析

影响基于网络的协同科研组织知识共享交流的影响因素非常多，如显性知识在符号呈现时的清晰度及媒体选择是否合适，隐性知识在共享交流时由于成员间、团队间的信任程度有限，使隐性知识的共享不够充分，或者仅是停留于形式，没有实质的消化和吸收。

王晓红、张宝生（2006）在研究中提出影响基于网络的协同科研组织知识共享交流的因素可分为四个方面：知识的特征，知识传送者和接受者特征，交互特征，基于网络的协同科研组织文化。龚志周、王重鸣（2004）在《虚拟团队理论研究及其发展趋势》一文中提出影响知识共享交流的关键因素在于合作成员间的信任水平。本研究把基于网络的协同科研组织中影响知识共享交流的因素概括为知识与学术背景的一致性、合作成员的知识共享意愿、协同科研环境对知识共享的支撑水平、基于网络的协同科研组织的组织文化这四个方面。

（一）知识特征与学术背景的一致性

首先，知识存在碎片化知识和系统性知识的分类。在社交软件异常丰富的信息时代，碎片化的知识借助于这些社交工具可以方便地进行传播。但系统性的知识传播起来就较为困难，系统性知识需要有专人维护，社交网络工具发布系统性知识在现阶段仍存在一定的难度。其次，知识之间相比较，还存在互补性知识、兼容性知识和排异性知识的分类。所谓互补性知识，是两类或多类知识之间互相补充，合力完成对学术问题的解决。所谓兼容性知识，是对同一个学术问题的不同视角的解释，能够互相映射，互相说明。如果能做到兼容，也就说明学术背景上有一定的一致性。所谓排异性知识，是指两类或多类知识之间不存在任何的相融相通，就如同两个互相在一起永远不会发生化学反应的元素。在以上两方面特征中，最为影响知识共享交流效率的是碎片化隐性知识的存在，这些知识具有高度个性化、情境化，同时又难以编码和形式化的特点，这极大地增加了知识共享交流的难度。考虑到知识的被消化吸收，共享的知识应是与基于网络的协同科研组织的总体研发目标保持一致的兼容性知识和互补性知识，应尽量减少或禁止排异性知识的散播。

（二）合作成员的知识共享意愿

张宝生、王晓红（2012）在研究中指出，共享和参与意识是影响知识交流深度的重要因素。基于此，本研究认为如果一个合作成员作为一个良好的知识传送者需具备三个重要的素质：第一，要能认识到知识传播的重要性并有知识共享的意愿，这是能成为知识传送者的首要条件。第二，要能够及时地生产或者捕获到对实现基于网络的协同科研组织总体目标有益的知识，也就是说能对知识保持高度的敏感性。第三，要掌握知识传送的各项信息技术，有良好的表达能力。在影响知识共享交流效率方面，除了知识传送者的特征，知识接受者的特征也非常重要。反过来说，如果合作成员作为一个良好的知识接受者，其一，要有良好的接受知识的意愿。基于网络的协同科研组织的合作成员都是知识密集型人才，在接受知识的意愿和动机方面自然有很高的水平，在这方面，大学里的基于网络的协同科研组织比其他类型的组织更有优势。其二，知识接受者要能及时识别出基于网络的协同科研组织中来自个体、组织和网络上的各类知识，保持对知识的高度敏感性。其三，知识接受者还要掌握各类知识管理工具，能及时地从各种信息技术平台或者学术交流场合获取知识，进而消化、吸收、整合进自己的知识系统。欧盟就基于网络的协同科研组织的实施效果的调查结论中也曾提到这点，即合作成员的信息技术水平、对各类知识管理工具的使用必须熟练，这是影响学术交流深度的重要因素。

（三）协同科研环境对知识共享的支撑水平

欧盟就基于网络的协同科研组织的实施效果在对八个基于网络的协同科研组织的支撑环境进行调查时发现，如果支撑环境具备良好的易用性，并能提供非常便捷的交流工具，那么合作成员间的交流深度自然增加。有被访问者就说，在协同科研环境中有时并不是不想与他人共享知识，而是因为缺乏共享知识的便捷工具。八个案例中英国的 AGSC 的支撑平台最为完善，其成员的知识共享水平也越高，而荷兰的 DOBES 因主要是数据库的知识存储，缺乏便捷的工具，成员间的知识共享水平就较低。此外，对协同科研环境知识共享的支撑水平不能停留在对传统社交网络工具的使用，可视化协同（Visualization Collaboration）科研在诸如生态、地理研究等大型的科研协作中已经有所体现，利用电子白板、视频会议等技术搭建类似于面对面的沟通环境，合作成员间的亲密感、信任感会大大增强，彼此间形体动作、语言风格、手势语气都能传递出在仅借助文字的交流中无法传递出的信息。

（四）知识共享交流的深度更加依赖于参与和共享文化的营造

CSBI 在其系统内会记录每个组织成员的发言次数、文档上传的数量等数据，如果与其他组织成员相比，其知识贡献量较大，则会给这个成员以更多的知识访问权限，以此来鼓励合作成员的知识共享行为。中国百度网上的百度文库服务采用了类似的激励机制，如果用户能做出更多的上传，并且上传的文档能获得更多的下载量，那用户就能获得更多的财富值去下载更多的高质量资源。文化的元素是为组织成员提供激励和制度的保障，基于网络的协同科研组织应营造这种鼓励共享的文化。共享，是一种文化，当一个人因为持续地与他人共享并因此获得鼓励后，这种共享的行为就会成为他的一项习惯，进而在其每次获得认为有价值的知识时，或者在其个人研究中有新的进展时，他都会及时地与同事、与合作成员共享。当基于网络的协同科研组织内的所有成员都建立起这种习惯，合作成员间的交互距离将极大缩小，尤其在建立起被高效利用的知识分享的社交网络以后，合作成员间就会成为密切互动的一个整体，每个人的思维可以迅速地与他人的思维相衔接，基于网络的协同科研组织的科研生产力会跃升到一个更高的水平。

二 提升知识共享水平的策略分析

（一）从社会网络的视角探索促进知识共享

在基于网络的协同科研组织中，每个成员是知识的具体载体，只有成员之间展开学术交流，知识才能在文本通信、音视频交流中以显性化的形式呈现出来，协同科研平台把这些交流中的内容进行提取、处理与整合以后，属于整个组织的知识库得以建立。所以说，知识共享的前提是交流的展开，而交流又依赖于组织成员间建构起充满信任、尊重与关注的社会关系，知识是在社会关系网络中进行传播与转化，整个基于网络的协同科研组织的目标实现与否主要基于这种社会关系网络的建立以及在社会关系网络上的知识共享。

社会网络理论把关系解释为知识、资源流动的主要载体，社会网络实质上是为达到特定目标，在人与人之间进行信息交流的关系网。社会关系网络本质上是组织成员之间的相互连接，每个组织成员都在这个社会网络中寻找与自己志趣相投的合作者，这个网络是组织成员实现与其他成员交流的载体。基于网络的协同科研组织的技术支持平台是由信息技术建构起来的信息网络，在这个信息网络上工作的成员相互连接、建立关系以后也建构起了社会网络。因此，基于网络的协同科研组织是通过信息网络与社会网络这两个网络平台实现了知识的传递与接收。图6—1所示是在虚拟空间内社会网络视角下的知识共享模型。

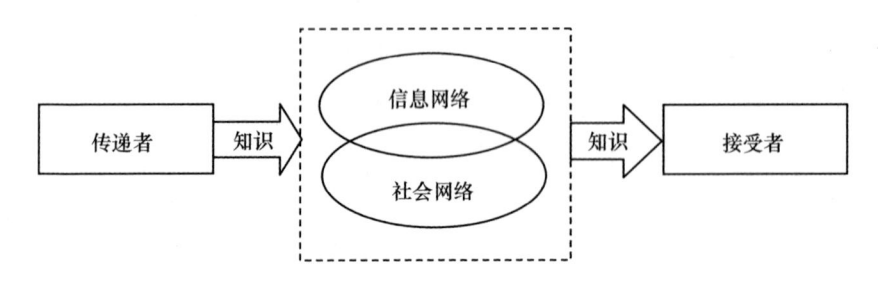

图6—1 社会网络视角下的知识共享模型

在这个模型中，信息网络平台为显性知识的共享、提取、整合与传递提供了工具支撑，社会网络平台则建构起了组织成员之间的信任与尊重，能促成交流行为的发生。社会网络平台当然首先促成了显性知识的分享，但在信任与尊重的推动下，也有助于隐性知识共享行为的发生，如音视频交流、面对面交流等交流行为是在有较高信任水平的前提下的交流形式，此类交流形式对于难于编码的隐性知识共享作用巨大（赵文军、谢守美，2011）。在基于网络的协同科研组织中信息网络平台与社会网络平台两种平台共同发挥作用完成了知识共享。

社会网络分析方法是社会网络理论中的一个具体工具，就是对人与人之间、群体之间、组织之间、计算机之间，或者是其他信息、知识处理实体之间的关系进行描述，并对其价值进行估量的一个过程（王平，2006）。作为对社会网络分析的一个具体应用，它基于每个组织成员的关注与被关注情况从而分析出组织中占据社会网络关键位置的成员，如同 Bo-Jen Chen 和 I-Hsien Ting（2013）所说的关键用户（Key Users）。关键成员因其个人声望、人格魅力而获得更多的话语权和影响力，更容易被其他成员所支持和认同，更容易获得优质资源，更有利于实现资源的再分配（毛清华、高杨，2010）。基于以上分析，应用社会网络理论和分析方法，本研究提出如下提高基于网络的协同科研组织知识共享水平的策略：

第一，识别基于网络的协同科研组织中的关键成员。关键成员通常具备较高的学术声望或者在网络中拥有更高的人气，他们关注的其他成员较多，自身也获得更多的关注，从而这些成员能够积累起大量的知识资本，他们在网络中具备更大的影响力和感召力，这种力量从某种程度而言对组织成员具有巨大的影响，如隐性知识的显性化。因此，从社会网络的视角，基于交往数据识别出基于网络的协同科研组织中关键成员的知识与联系，然后将这些关键成员的角色和地位进一步显性化，并且增强其他成员对关键成员的认同感，就能疏通关键用户与其他成员之间知识共享的路径。

第二，利用关键成员的关系网络扩大影响范围、建构知识库。关键成员地位、角色的显性化所形成的影响力要超过组织管理者的影响力，这主要是因为基于网络的协同科研组织中的参与者其参与基于网络的协同科研组织的动机主要在于学术交往与资源分享，组织管理者仅是提供了基础的平台，但关键成员可以真正促成学术社交网络的形成。每个参与者本质上都是要通过加入到这个社交网络完成学术交往，所以说关键成员是带动了学术交流，交流过程中知识、资源才能得以充分的展现和汇集成为知识库。同时基于网络的协同科研组织的组织者和管理者应提供便捷的技术工具，帮助关键成员完成对知识的挖掘、处理和转化，进而不断完备知识库中的资源。

（二）以提升技术平台的支持水平促进知识共享

欧盟就基于网络的协同科研组织的实施效果的调查结论中曾提到合作成员的信息技术水平是影响学术交流深度的重要因素。该调查显示，在协同科研环境中有时并不是不想与他人共享知识，而是因为缺乏共享知识的便捷工具。八个案例中英国的 AGSC 的支撑平台最为完善，其成员的知识共享水平也越高，而荷兰的 DOBES 因主要是数据库的知识存储，缺乏便捷的工具，成员间的知识共享水平较低。

所以，与其说基于网络的协同科研组织成员的信息技术水平有待提升，为何不能使基于网络的协同科研组织的技术支持环境提供更便捷的工具呢？正是基于这种理念，本研究采访的中国科学院科研在线平台的开发者将该平台基于 OAUTH 协议实现了与新浪、腾讯、网易等公司的连接，这些网站的用户通过绑定用户名与科研在线上的通行证，用网站上的用户名就可以登录到科研在线，这样习惯于在公共社交平台上发布个人信息的用户的知识分享就能在协同科研平台也能展现，这样一种技术设置给用户带来极大的方便，能有效促进知识共享。

技术平台功能的发挥不仅在于促进知识的分发传递，还在于知识库的形成，组织成员间沟通过程信息的记录、虚拟空间内不断上传与分发的文档资料等这些资源都可借助信息技术实现整合与存储，甚至能够根据研究者的需求实现知识的推送。如法德学者联合建设使用的 Joint Virtual Research Lab 有一个专门的知识管理小组专司负责组织内知识库的维护、更新和向组织成员的传播。

第三节　E-SCIENCE 科研范式下技术支持平台的架构与功能

基于网络的协同科研组织与传统实体组织最大的不同在于有强大的信息技术平台的支撑。前文中所提及的 CSBI、nanoHUB、Joint Virtual Research Lab、Virtual Cancer Research Organization 等组织的良好运行都有赖于强大的信息基础设施。CSBI 所提供的信息技术平台不仅仅允许麻省理工学院内参与组织的研究人员访问，而且要求合作者签订合作与保密协议，允许来自全球学术界和工业界的学者访问基于网络的协同科研组织的组织平台。

支撑基于网络的协同科研组织的技术平台支撑了课题发布、招标、人员召集、资源分享、协同编辑撰写论文等一系列的功能，本研究把面向客户端的这些技术平台统称为虚拟研究环境。一批成熟的 VRE 正在基于网络的协同科研组织中得到采用，如 ^{my}Experiment 在生物学、医学、化学等学科基于网络的协同科研组织中得到广泛采用并取得较好的实践效果，Sakai 在社会科学领域中得到广泛使用（Yang X.、Allan R.，2007）。当然，为了支撑起这些 VRE 的运行，还有强大的科研信息化基础设施。本节将分层探究基于网络的协同科研组织的技术支持平台，并以第三章对虚拟研究环境的案例分析为基础，详细讨论虚拟研究环境的功能设置。

一 技术支持平台的分层架构

科研信息化基础设施是基于网络的协同科研组织技术支持环境中最基础的部分，科研信息化基础设施这个概念的提出起始于美国国家科学基金会（NSF）在 2002 年发表的由九位科学家撰写的研究报告《通过 Cyberinfrastructure 促进科学和工程的革命》（*Revolutionizing Science and Engineering through Cyberinfrastructure*）（Atkins，2003），报告中旗帜鲜明地提出信息化基础设施（Cyberinfrastructure）应作为科学与工程研究的基础设施。Cyberinfrastructure 强调基于网格计算、云计算等先进的信息和网络技术，为所有知识工作者（包括教师、学者、工程师、医生等）提供全新的研究环境来高效地创造知识，从而全面实现科学技术与工程的革命。2007 年 3 月，美国 NSF 发布了 2006—2010 年科研信息化基础设施的发展规划《21 世纪网络信息基础设施发展愿景》（*Cyberinfrastructure Vision for 21st century Discovery*），该规划特别提出了要建立"国家数字化数据框架（National Digital Data Framework）"，这个框架首先要完成建设一个科研数据的收集与管理组织，其次是开发一个灵活的技术架构支撑对数据的处理分析，第三方面是发展和执行相应的数据政策（董锐，2009）。与美国所提出的 Cyberinfrastructure 建设计划类似，英国大力发展的 E-SCIENCE 计划，欧盟推动的 e-Infrastructure 及中国从 20 世纪 90 年代就开始建设的中国科技网（CSTNET）和中国教育科研网（CERNET）等都为基于网络的协同研究提供了基础设施，都能支撑高性能运算和巨量的数据处理与存储,是促进理解科学、发展科学的支撑平台。

以上述基础设施为依托平台,支撑基于网络的协同科研组织的技术支持环境在其建设的过程中,逐渐在层级上形成了分化,并且按层次逐渐形成了较为统一的 E-SCIENCE 技术体系。我国学者孙坦把这个技术体系用一个五层结构来描述,自上而下分别是具体应用层、应用开发环境与工具层、网络中间件层、网络基础设施层和资源层(孙坦,2009)。这五个层次中的后四个层次即是上文所说的基础设施层,只有具体应用层才是被科研工作者直接使用的客户端,即本文所指的虚拟研究环境(Virtual Research Environment,VRE)。图 6—2 中用虚线框起来的部分表示面向科研工作者直接使用的虚拟研究环境在 E-SCIENCE 技术体系中的定位,其下的中间件、计算机、网络和数据存储设备是应用开发环境与工具层、网络中间件层、网络基础设施层和资源层等。

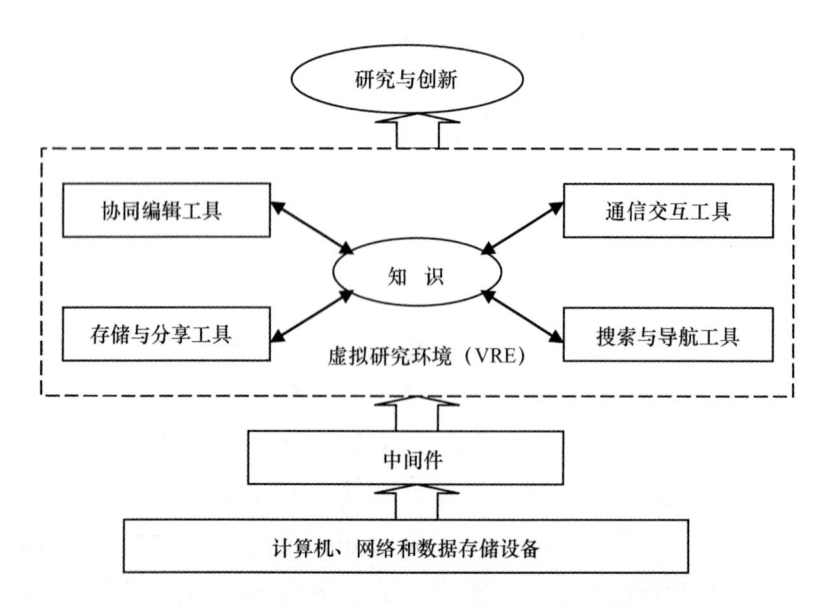

图 6—2 虚拟研究环境在 E-SCIENCE 技术体系中的定位

具体应用层作为客户端，提供的是一些可以直接被使用的交流工具、知识分享工具，如即时通信工具，文档分享工具、协同撰写工具等，还有对知识与数据进行搜索的接口等，便于研究人员之间开展学术交流与资源分享。应用开发环境与工具层、网络中间件层、网络基础设施层对科研用户而言是提供基础服务，包括对各种工具的设计、测试，以及对于一些通用性工具的开发与优化。资源层主要指文献数据库、计算资源甚至还包括一些通过网络可以共享调用的仪器设备。

二 虚拟研究环境的功能详解

不同于其他的软件或者网站平台，虚拟研究环境是一种动态的和泛在式的科研支撑系统，在这种系统上科学家能无缝地获取数据和软件，研究者应用网络浏览器就能利用分布式的系统处理资源。本研究对 SciVee、IBVRE、^{my}Experiment、SAKAI 等国外四个虚拟研究环境的案例分析进行详细的功能梳理（见第三章中的表 3—5），根据对虚拟研究环境的相关文献分析，这四个案例的 19 项功能设置可进一步归类和提炼为如下五个方面的功能。

（一）支撑构建基于网络的工作空间

基于 Web 的工作环境这一特点是 VRE 最常见的特征。在表 3—5 中，四个 VRE 的案例均有文档管理、课题/项目管理、发布通知公告、会议管理、分享科研工作流的功能，除了 VRE1 之外，其他三个案例都有协同撰写的功能，除了 VRE2 之外，其他三个案例都有工作日历功能，这些功能是支撑日常协同科研实践的基本设置。如科研协作的门户仅有实现资源分享能力，而没有动态性，缺乏协作能力，Allan（2009）认为这样的平台不能便利地实现成员的加入。此外，四个案例中除了 VRE1 之外，其他三个案例都有科研数据管理的功能，这一项功能当然并非是科研实践的必要功能，但在当前数据密集型的研究日趋普遍的情况下，科研数据管理也将成为虚拟研究环境的主要功能。

（二）以社区的形式支持科研实践

在表2—4中四个VRE案例均有讨论社区。社区就要求VRE是一个活动着的系统，能够支持研究成员的各项研究行为。社区的存在能够支持研究成员共同参与解决问题、分享关于问题解决的知识，这个知识分享的过程极其有利于知识的产出。Nirenberg在1994年就发现，建构实践的社区是对"团队"概念的有效代替。这个理论在科研协作中得到了充分的验证。当然，为了支持这个社区，VRE会面临一个经常出现的问题，即实践社区中的成员可能是不稳定的，有的学者把这种社区称为学术社交网络（Wang F. Y.、Carley K. M.、Zeng D.，2007），这种网络能为互相的深度交流和资源发现提供服务。

（三）承载各种有价值的学术资源

在表3—5中，除了VRE4（SAKAI）没有归档管理功能之外，其他三个VRE均有归档管理的功能，科研档案是一种非常宝贵的学术资源。此外，表2—4中VRE1、VRE2和VRE3都有对研究工具的上传与下载的功能，这些研究工具一般体现为模拟仿真、科学计算及各类统计分析软件，这同样也是非常有价值的学术资料。Allan曾经解释基于web的工作环境是各种资源的联合，能提供各种有价值的资源是设计、开发VRE时必须要考虑的问题。如果对VRE所包含的资源质量和数量期望值越高，则建设VRE的困难就更大，对VRE上的资源管理和持续的更新也是件极具挑战性的事情。这些资源包括数据、重要的收藏品、存储设备，还有计算资源。很值得重视的一个现象是，科研的产出形式也从传统的论文和实验数据走向一些鲜活的报告（living reports）（Candela L.，2007）、可以被执行的研究论文（executable research papers）（Van Gorp P.，Mazanek S.，2009）、科学工作流（scientific workflows）（De Roure D.、Goble C. and Stevens R.，2009）、增强型的出版（enhanced publications）（Hoogerwerf M.，2013）。此外，VRE还被期望能统一不同来源的数据资源格式。

当前基于网络的协同科研组织对广大的研究人员尚未形成足够的吸引力，除了技术使用上的障碍，还在于组织不能够提供特别有价值的学术资源。为了解决这个问题，新西兰的奥塔哥大学的虚拟医疗研究组织就在协同科研平台上放置了大量新近实施手术的全程录像，以此吸引更多用户访问平台。

（四）具备较强的开放性和灵活性

表3—5中的4个案例之所以能够广泛地应用，是因为它们的设计开发并不专属于某一个学科领域，而是能够对多类学科的研究提供支撑，具备较强的开放性和灵活性。VRE不是围绕某个特定的研究问题从头建设，而是能支持一系列的新项目和新的问题解决，这就要求VRE平台的重用性，不至于为每个新项目都建设一个新的VRE。如欧盟建设的DILIGENT，D4Science，D4Science-II triplet等VRE表现为都能存储大量的数据资源，有很强的服务器，提供较强的计算能力能运行一系列的软件，能允许研究者在这个平台上部署、应用一些有特殊需要的软件（Assante M.、Candela L.，2008）。这三个VRE还都采用了云技术（cloud technologies）（Candela L.、Castelli D. and Pagano P.，2010）支持从人文社科到生物技术等不同类型的研究。

（五）具备较好的风险防范功能

从表3—5也能看出，四个案例均有文档加密传输的功能，除了VRE1之外，其他三个VRE案例都可以实现对用户行为的跟踪。加密传输显然是为了防范重要的文档资料被参与到基于网络的协同科研组织的机会主义者窃取，而用户行为跟踪既记录了组织成员的学术交往与资源分享行为，也是为了当组织内出现资料丢失或信息泄露时有据可查。风险防范的机制保障了每个研究人员的工作能够获得认可，不然所有的科学研究人员不会对研究社区的工作做出贡献（De Roure D.，2009）。因此，身份认证、安全管理及科研过程的日志记录就变得非常重要，这三方面功能设置能保证研究人员做出负责任的学术行为，还能确保学术资料交流过程不致产生知识产权纷争，能对信息传递、各参与主体的操作行为进行查询，为最终对利益分配的集体评议提供原始数据。日志记录功能甚至能使研究成果在输出时在其内容上标明出处（Candela L.、Castelli D. and Pagano P.，2010）。

虚拟研究环境代表着创新的工作环境，旨在提高所有研究人员之间的合作与协同，上述五类功能是较为成熟并获得认可的虚拟研究环境的普遍表征，当然并不意味着每个 VRE 都能具备这所有五类功能，即使如 myExperiment 这个比较通用的虚拟研究环境，也并非能够提供第三章表3—5所示的所有功能。但本文分析的虚拟研究环境案例在实践中获得了广泛认可，对于这些虚拟研究环境的研究报告显示出这些虚拟研究环境能在某些学科领域有效地提升科研绩效、促进科研协作。这也证明了 Edwards 等人（2012）在研究中曾经提出的观点，科研信息化基础设施的成功不仅仅在于其硬件设施的强大及软件工具的丰富，关键在于要使这种设施与工具能得到用户的广泛采纳与应用，因此虚拟研究环境的研发人员在设计开发过程中必须贯彻以科研用户为中心的理念。如有的研究领域所需要的是科研工作流（workflow）的网上再现，有的仅需要便捷的文档协同撰写工具，有的学科对文档传输的保密性要求极高，这些不同的用户需求需要在开发阶段就被工具的开发者知晓，因此必须要在工具开发的每个阶段有用户的参与，要坚持以用户为中心的设计，把常用的学术交流工具部署到现有的信息基础设施上，并应尽量实现协同科研工具的标准化。

另外需要特别指出的是，VRE 应持续发展为科研实践社区重要而有效的工具，在更大的研究项目和社区的背景下实现规模效益，应能实现高质量的科研产出。虚拟研究环境建设应主要是社区建设的过程，而不是技术的发展过程，关键在于对技术的使用，技术是为科研提供服务，不能忘记科研的主题，正如 Blanke 等学者（2010）研究中指出的那样，不能让技术阻碍或侵扰了科研的开展。

第七章

E-SCIENCE 在中国发展的案例分析

前述几章基于对国际案例的研究形成的分析框架详细阐明了基于网络的协同科研组织的构建模式、运行过程及技术支持。但从访谈中获知中国基于网络的协同科研组织的构建在成员选择、契约签订及运行管理等方面与国外有显著不同,上海 E-研究院的受访者就表示国内注重在优势学科基础上的精英科学家汇集,对合作成员的协同研究能力基本不予考察与评估,所签订契约也仅以考核内容为主,运行过程中线上交流仍以电子邮件为主,国外案例中出现的协同撰写、可视化协同等协同研究方式在中国还较少被使用,受访的学科专家和虚拟研究环境的研发人员也表示,国内研究人员在虚拟空间内的协同撰写与资源分享行为发生较少。

为了能更为清晰地把握中国在高校及科研院所中基于网络的协同科研组织的构建模式与运行过程,本研究首先选择了上海市教委牵头建设的高校 E-研究院,对其构建、运行及技术支持等方面进行了较为深入的考察。上海市教委从 2002 年开始在上海部分高校实施 E-研究院(E-Institute)建设计划(周景泰、徐小莺,2005),借鉴基于网络的协同科研组织的概念,上海市高校在基于网络的协同科研组织的建设方面进行了一系列探索和实践。在国内实施的基于网络的协同科研组织建设探索中,上海高校 E-研究院建设较早,有十余所高校同时参与到了这项探索当中,持续时间较长,有政府的资源投入和依托高校的系统支撑,上海高校 E-研究院十余年的发展历程为中国大学发展基于网络的协同科研组织提供了一定的经验积累，但与国外基于网络的协同科研组织的发展实践相比，也表现出显著的差距。其次，在虚拟研究环境的设计与应用方面，我国大学在自主设计开发 VRE 方面进展缓慢，但中国科学院从 1996 年起就开始制订全院层面的科研信息化规划，通过先后建设 Duckling 和科研在线平台来推进基于网络的协同科研组织的发展，这两个平台也成为中国当前自主开发的较为成熟的两个虚拟研究环境，本研究分析了这两个虚拟研究环境的功能及应用效果。

第一节　上海高校 E – 研究院的建设概况

一　创建与发展的指导思想

上海高校 E – 研究院的建设目的是打破传统的科层制学术组织结构，各成员基于信息技术平台松散联合式地联系在一起开展科研协作，根据目标、课题任务的需求建构研究小组，组织成员的数量不受限制，只要能为我所用即可，E – 研究院的成员无须在共同的时间和地点一起工作，而是分散在各自所属的院校自主开展研究工作。E – 研究院依托高校实体化，在依托的高校形成管理上的"特区"，实行首席研究员责任制，负责遴选合作人员、约定研究内容，并制定考核目标和确定研究院的主要发展方向、建设目标、对外交流计划等。上海市教委对每个 E – 研究院进行一定强度的连续投入，经费主要用于信息化基础设施建设运行、资料购置、主办网络和非网络形式的国际性学术会议、参加重要的国内外学术会议、探索性研究费用等。

上海市教委 2002 年首批启动的 E – 研究院项目有 6 个，在 2005 年以前依据"成熟一个，立项一个"为原则又批准建设 6 个，在 2014 年上海市教育委员会关于公布上海高校各类研究基地建设项目名单的通知（沪教委科〔2014〕9 号）中新批 6 个 E – 研究院建设项目，这共计 18 家 E-研究院的详细名单如表 7—1 所示：

表 7—1　　　　　　　　　上海高校 E-研究院名单

序号	名　称	依托高校
1	网络技术 E-研究院	上海大学
2	计算科学 E-研究院	上海师范大学
3	免疫学 E-研究院	上海交通大学医学院（原上海第二医科大学）
4	都市文化 E-研究院	上海师范大学
5	社会学 E-研究院	上海大学
6	模式生物 E-研究院	上海交通大学
7	内分泌代谢病 E-研究院	上海交通大学
8	中医内科学 E-研究院	上海中医药大学
9	一氧化氮及炎症医学 E-研究院	上海中医药大学
10	比较语言学 E-研究院	上海师范大学
11	音乐人类学 E-研究院	上海音乐学院
12	水产养殖学 E-研究院	上海海洋大学
13	健康领域重大社会问题治理 E-研究院	复旦大学
14	城市交通政策 E-研究院	同济大学
15	现代力学 E-研究院	上海大学
16	中药药效物质 E-研究院	上海中医药大学
17	国际与比较教育 E-研究院	上海师范大学
18	体育与健康伦理 E-研究院	上海体育学院

二　发展现状

从 2002 年至今十多年间，上海市教委的 E-研究院建设计划获得了持续开展，形成了一批围绕优势学科的研究团队，E-研究院的校外特聘研究员还为所依托学校培养博士研究生，充实了依托学校高层次人才培养的力量。自2003年至今发表了以E-研究院为署名单位的中文学术论文1000多篇。近年来，上海市教委对E-研究院的人员组成、建设目标提出了越来越高的要求。如在2013年上海市教育委员会关于印发《上海高校E-研究院认定方案》的通知（沪教委科〔2013〕58号）中，明确提出E-研究院特聘研究员队伍的构成比例原则上为依托学校人员、国内其他单位人员、国外人员各三分之一，E-研究院要加强高层次国内外学术合作与交流，实现科技资源的共享和开放。对于E-研究院的依托单位，该通知还指出，E-研究院建设绩效纳入其依托的学科和平台建设绩效的监测和考核，依托学校是E-研究院建设的主体，要加强对E-研究院建设的支持和管理，形成有利于E-研究院持续健康发展的政策环境和管理特区，并要在管理体制和运行机制上有所创新，以保证E-研究院的正常运行。上海市教委还提出E-研究院的建设应与"高等学校创新能力提升计划"（2011计划）相衔接，以制度先进促进上海高校科研管理体制机制的改革，以开放合作形成协同创新的工作机制和氛围，构建协同创新的新模式与新机制，为协同创新中心、学科和平台建设提供有力支撑。

上海市教委支撑建设的18个E-研究院因为首席研究员的职务调整，或者因为学科建设的需要，中途有3家E-研究院中止运行，另有5家研究院是挂靠在学科院系，并未独立运行，未专设网站平台。本研究选择了8个独立运作、至今已经运作超过10年、并有内容较为充实的网站平台的E-研究院进行初步考察，这8个E-研究院分别是：①上海海洋大学的水产养殖E-研究院；②上海大学的高校社会学E-研究院；③上海中医药大学的高校中医内科学E-研究院；④上海师范大学的计算科学E-研究院；⑤上海师范大学的比较语言学E-研究院；⑥上海交通大学的化学生物学E-研究院；⑦上海音乐学院的音乐人类学E-研究院；⑧上海体育学院的体育与健康伦理E-研究院。

第二节 上海高校 E-研究院的构建、运行及实践效果

为了充分了解 E-研究院内部研究人员之间的协同科研现状，本研究与独立运作并且较为活跃的 8 家 E-研究院都开展了联系，但由于研究院的首席研究员、具体负责人、管理人员时间安排不方便或者不愿意接受采访，本研究最终实地考察了上海中医药大学的中医内科学 E-研究院，当面访谈了中医内科学 E-研究院的首席研究员和管理人员，对上海海洋大学水产养殖 E-研究院的首席研究员、管理人员和上海大学高校社会学 E-研究院的具体负责人进行了电话访谈或邮件交流。限于篇幅，本研究以中医内科学 E-研究院、水产养殖 E-研究院、社会学 E-研究院三个 E-研究院为例解析上海 E-研究院的团队构建、运行管理及实践效果。

一 团队构建

（一）上海海洋大学水产养殖 E-研究院的构建

上海海洋大学水产养殖 E-研究院的建设目的是整合、优化水产养殖领域的科技资源和科技队伍，加强与国内外高校、科研机构的合作与交流，增强水产领域内的原始创新能力和持续创新能力，促进新兴交叉学科的发展，促进涌现一批标志性的成果，培养一批在国内乃至国际水产学领域具有较大影响力的中青年骨干。上海海洋大学为水产养殖 E-研究院设立了专门的协调办公室，设在学校科技处，并分派有专职的、有编制的科研人员负责日常协调，有一名上海海洋大学的教授作为首席研究员，负责组织校内外的研究人员协同开展科研工作。

水产养殖 E-研究院的实体由首席研究员、学术委员会和特聘研究员构成，实行首席研究员负责制，以首席研究员为第一责任人，

全面履行 E-研究院的管理职责。水产养殖 E-研究院有 30 位研究员左右的研究队伍，以 3 年为一个聘期。在校内外专家的合作方面，主要表现为三个方面的合作。一是联合培养研究生，二是青年教师的互相访学，三是协同申报科研项目、联合科研。特聘研究员由首席研究员根据 E-研究院的发展规划所需、按标准公开招聘。同时，E-研究院为特聘研究员制定了明确的考核标准，包括发表以 E-研究院为署名单位的论文，获得奖励或者专利，在上海海洋大学做学术报告，需要获得有至少一名上海海洋大学科技人员参加的科研课题，要向 E-研究院的学术委员会提交年度工作报告，并要完成一定数量的研究生培养。

上海海洋大学为水产养殖 E-研究院的日常协调机构提供了办公场地，并允许校外研究人员可以应用上海海洋大学的实验室、仪器设备。E-研究院运行实践中校外研究人员也的确应用了上海海洋大学的实验室和仪器设备，联合开展课题研究。同时，E-研究院作为由上海市教委资助支持建设的研究组织，对每名进入到 E-研究院的校外研究人员按月支付薪酬，上海海洋大学给予资金配套，所以，以 E-研究院为依托，进入到该平台的校内外研究人员都会获得相应的资金支撑和实体学术资源的支持。水产养殖 E-研究院实施以质量为核心的目标管理，营造宽松、自由的学术氛围，隶属关系在本校的特聘研究员保持原有待遇不变，对于成绩突出者除 E-研究院奖励外，学校也给予奖励。

（二）上海中医药大学的中医内科学 E-研究院的构建

上海中医药大学中医内科学 E-研究院的建设宗旨是探索建立新型的学术队伍凝聚与人才培养机制，通过聘任国内外相关学科优秀学者作为特聘研究员，充分发挥各位特聘研究员的学术优势，推进学科交叉与深入发展，加强青年科技人才的培养，形成中医学创新研究团队。通过网络信息平台的建设，中医内科学 E-研究院力图实现 E 化环境下的人力资源、数据资源、网络通信资源、仪器设备与技术等资源的共享，满足科学家之间的交流与合作，促进中医药研究的创新发展。

上海中医药大学中医内科学 E‐研究院是自 2004 年开始建设。E‐研究院以支持首席研究员与特聘研究员开展学术合作为主要目标，秉承"动态，开放，多元，融合"的发展理念，在中医内科领域选聘了 10 位有较高学术影响力的研究员，基本上校内占三分之一，校外占三分之一，国外占三分之一。

E‐研究院所在高校为 E‐研究院设立专门的办公地点，配备专职人员，所在高校在每年的经费预算中为 E‐研究院设置预算专项，上海市按年度划拨 E‐研究院的预算经费。这笔经费开支主要用于支付 E‐研究院的日常办公、专职人员的工资报酬及 E‐研究院研究员的薪酬。E‐研究院运行实践中把对研究员的薪酬分为了三个部分，三分之一用于补充 E‐研究院日常办公经费和学术交流合作产生的费用，三分之一形成研究基金支撑研究员的课题开展，三分之一作为劳务报酬发放给研究员。

(三) 上海大学高校社会学 E‐研究院的构建

上海大学高校社会学 E‐研究院的建设目标是依托信息化基础设施的工作平台，以独特的组织运作机制，联合国内外知名大学和科研机构的一流学者，围绕"城市发展和社会转型"开展具有突破性的扎实的基础研究。建院之初，该院对研究院设定了较为明确的考核目标，如要求研究院在每个考核节点以社会学 E‐研究院为署名单位发表论文数量达到平均特聘研究员数量的两倍[1]，即要求特聘研究员以社会学 E‐研究院为署名单位平均在每个考核周期内发表至少两篇论文。另外 E‐研究院还设定了发表相关领域专著及形成学术前沿资料集汇编的目标。

社会学 E‐研究院在团队建设上实行首席研究员负责制，以特聘研究员为核心，中青年研究人才为骨干，总规模在 20 人左右，既

---

[1] 上海市教委首批设置的 E‐研究院是以 10 年为建设周期，这 10 年被分为前三年、中间三年和最后四年的"3+3+4"三个阶段，每个阶段末被定为一个考核节点。

有校内的专职研究人员，也有校外弹性兼职的研究员。

社会学E-研究院在建设之初，上海大学划拨了250平方米的办公空间投入使用，购置了专业化的CATI电话访问系统和大量的图书资料。除了上海市教委对E-研究院的连续年度经费投入，上海大学为E-研究院的研究员也提供配套经费支持和政策支持，上海大学的高校社会学E-研究院的校内研究员同时还是该校"上海市普通高校人文社科重点研究基地上海大学中国社会转型与社会组织研究中心"的成员，如支持专职研究员团队每年有3人次到国外进行三个月以上学术访问。研究院在运行过程中不断尝试体制机制创新，该院在研究员聘用方面把建院之初的特聘研究员"固定制"转为"流动制"，不设常聘校外研究员，而是根据课题需要组织研究队伍，以此防止外聘专家有名无实的现象。

（四）总结与启示

从对以上三个E-研究院的构建过程的分析来看，上海E高校E-研究院在构建阶段表现为三个特征，首先是在构建团队时充分考虑到了各高校优势学科在汇集人才方面的重要作用，为了完成E-研究院的构建，在专职管理人员、实体场地及经费方面给予了充分的资源支撑，这两方面是E-研究院得以成功构建的关键因素，但在合作研究员的选择上仅从精英学者中遴选，且对这些学者的协同研究意识及基于网络的协同研究能力缺乏考察与评估，使得团队运行过程中不能实现紧密合作。

1. 依托优势学科构建团队。E-研究院首批设置时是从各高校中选择了基础较好的学科，如上海大学的社会学作为优势学科，学科积淀深厚，该校有一批社会学教授处在社会学研究的学术前沿，该校社会学科的带头人作为首席研究员能非常便捷地实现与国内外的杰出学者取得联系。上海海洋大学的水产养殖学也是学科积累雄厚，有一批杰出的水产养殖领域的教授，并有功能齐全、设施先进的实验室作为依托。同样，上海中医药大学的中药内科学是该校的特色学科，在医学类院校具有非常明显的学科优势。其他高校都是以优势学科为基础创建 E-研究院，如上海交通大学的化学生物学、上海音乐学院的音乐人类学、上海体育学院的体育与健康伦理等在所属院校是优势学科，在国内外也都有一定的学术影响力。选择以优势学科为基础建设 E-研究院，对于吸引校外研究人员具有很强的召集力，这对于 E-研究院的发展具有明显的资源聚集效应。正是因为 E-研究院创建之初就确定从优势学科着手这样的基本指导思想，这些研究院才能很快聘请到了该学科领域内的著名学者，实现了杰出研究人员的聚集。

2. 构建过程中保障充分的资源投入。E-研究院虽然是虚拟化的研究组织，研究人员不能持续地在同一物理空间从事科研工作，但 E-研究院的研究员不仅仅要借助信息技术手段跨时空地交流，还要不定期地面对面交流，协同研究过程中的学术会议、差旅、调研、实验都需要场地和经费的支撑。上海市教委充分考虑到了 E-研究院需要实体资源依赖的特征，对于立项建设的 E-研究院给予持续性的经费投入，并在政策文件中明确要求 E-研究院的挂靠高校要为 E-研究院的日常运转提供场地和人员编制。本研究在考察和访谈中获知，E-研究院的所在高校一般都把 E-研究院的建设与运作经费作为专项纳入学校年度预算，上海市教委直接通过高校年度经费的划拨把 E-研究院的相关经费划拨到了 E-研究院的所在高校，这些经费投入是 E-研究院能成功创建并良好运行的基础保障。

3. 对合作成员的协同意识水平及协同研究能力缺乏评估与考察。E-研究院实行首席研究员责任制，负责聘用考核研究员、确定研究方向、建设支撑协同研究的网络平台等，但 E-研究院在实践运转中表现出对首席研究员的过度依赖，校内研究员还能积极配合首席研究员的工作，但因校外研究员在协同意识和协同研究能力方面参差不齐，总体而言协同研究行为较少。有的被访谈人就提到，E-研究院设立之初赋予了每个研究员可以发起学术会议的权利，但十多年中没有一位外聘研究员主动发起过学术会议。在参与由首席研究员召集的学术会议方面，外聘研究员积极性不高，一般总计不会超过 15 个人参与的研究员会议往往都会有 5-6 位研究员不能到场。但值得注意的一点是，在对日常研究工作的进展汇报方面，有首席研究员以季度为节点要求特聘研究员提交工作汇报，特聘研究员多数能按时提交汇报，外聘研究员对首席研究员表现出充分的尊重。

二　运行管理与技术支持

（一）运行管理

上海高校 E-研究院在运行过程中主要采取了分阶段考核的方式来激励团队成员的工作积极性。E-研究院在创建之初以十年为周期确立了"3+3+4"的考核节点，即建院后的第三年、第六年、第十年要对所聘研究员的科研绩效进行考核，上海市教委为 E-研究院的建设考核曾专门发布通知文件。上海海洋大学在与特聘研究员签订聘任合同时就明确了在聘期内特聘研究员须完成的任务，这些指标基本上都得到了较好的完成。不同于上海海洋大学水产养殖 E-研究院在十年期内并未对考核标准做大的调整，上海中医药大学中医内科 E-研究院在每个聘期结束后都不断调高考核标准。

中医内科 E-研究院 2003 年开始建设，建院之初，首席研究员就与特聘研究员约定了三年聘期满后要考核的标准，要求所有研究员以 E-研究院为署名单位发表至少一篇学术论文。头三年结束后，所有的研究员都完成了上述考核任务，首席研究员与特聘研究员商定在下一个三年不仅要能以 E-研究院为署名单位发表学术论文，而且要能合作开展研究发表学术论文，以期推进研究员之间协同科研。到研究院建院第六年时，E-研究院的所有研究员也如期完成了考核任务，这时首席研究员与特聘研究员商定在未来的四年，不仅要能合作发表学术论文，而且在人才培养、科研项目申请等方面特聘研究员要能对上海中医药大学做出实质性贡献，如为上海中医药大学的青年教师提供做访问学者或者做博士后的机会，还要能合作开展科学研究。

当然，不仅是上海中医药大学和上海海洋大学等高校都对 E-研究院的研究员提出了考核标准，其他高校的 E-研究院在考核标准中还明确规定了做讲座次数、合作申请课题等级、联合培养研究生数量等。这些具体的考核目标，再加上上海市教委和挂靠高校在薪酬待遇等方面的投入，有效地激励了研究员的工作积极性。

（二）技术支持

本研究考察的三个 E-研究院都设置了网站平台为团队的运行提供技术支持，如上海海洋大学水产养殖 E-研究院利用网站平台在科研文献和科研数据方面的分享较少，但提供了较为丰富的交互功能，如咖啡屋、视频交互和 BBS，咖啡屋是实时的文字交流，视频交互是借助视频开展实时交流，BBS 是异步的文字交流。但在访谈中获知，这些交流功能在 E-研究院建设之初应用较多，伴随现在社交网络工具的增加，这些交流功能的使用率逐年降低，研究成员之间主要依靠电子邮件和社交网络工具开展学术交流，该研究院内以课题研究团队为单位的虚拟社群非常普遍。

上海中医药大学中医内科学 E-研究院在网络支撑平台上设置了研究院介绍、新闻通知、中医文化展示等功能模块，并有一项文献检索功能，但检索的数据库规模非常小，依赖该平台实现研究员之间的交互、资源分享和协同研究几乎不可能。E-研究院的研究员主要表现为对电子邮件的依赖，因为顾及科研数据、病例样本等资源的外流，以及可能有重大创新价值学术成果的被盗用，在正式发表之前不会放诸公共的讨论平台，仅是借助电子邮件在较小的范围内开展私密的交流。但 E-研究院在运作中也表现出因科研数据库资源丰富度较低所带来的缺陷，如研究院内一两个或两三个研究员可能在一定程度上能共享彼此掌握的科研数据，没有较大范围的科研数据共享，致使学术成果的样本支撑度较低。

上海大学高校社会学 E-研究院的技术支持主要是借助网络支撑平台发布学院简介、队伍介绍、研究成果展示等信息，其中的"文件资料"栏目既有对学术论文、研究资料等资料的分享，也被用于下载相关申请表、会议日程安排等管理性文件，没有支撑学术交流和协同研究的功能设置。

（三）总结与启示

上海高校 E-研究院的运行过程所采用的分阶段考核研究员个体绩效的方式一定程度上保证了组织成员的工作积极性，但正如周景泰、席晓莺（2005）等人分析的那样，"E-研究院……投入的是公共资源，即国家财政资金，必然要带有一定的导向性和对绩效考核的要求。考核方式和指标是值得探究的重要问题之一，考核过于频繁和严格将有悖计划的初衷，过于宽松有可能造成公共资源的浪费"。E-研究院设立的目的是促进学术交流与资源分享，促成协同研究，考核方式的引入仅是使组织成员完成个体的研究任务，并没有形成协同创新。各个 E-研究院一般只是每年召开两到三次的面对面的讨论会，基于网络的异步或同步的交流较少，组织运行过程中资源分享存在障碍，技术支持环境对协同科研的支撑严重不足。

1. 组织运行过程中资源分享存在障碍。E-研究院设立目标之一是要为研究者提供开展深度学术交流的平台，但 E-研究院十多年的发展过程并未能在研究者之间建立充分的学术信任，表现最为突出的一点是在学术资源分享方面的障碍。有的 E-研究院在一两个或两三个研究员之间能一定程度上共享彼此掌握的科研数据，但几乎没有形成超过三位研究员可以共享科研数据的情况，这在有些涉及样本量、调查范围等要求数据规模较大的学科体现为学术成果的科研数据支撑力较小，但即使发生这种情况也未能促使多位研究员把科研数据汇聚共享使用。本研究中获知至少有两家 E-研究院曾就此召开 E-研究院全员会议，希望研究员能充分共享自己掌握的学术资源，但研究员都提出如何保障分享出去的学术资源不至外泄这个问题，研究员普遍认为中国在文化上缺乏分享的意识，缺乏版权保护的法律意识，在敏感科研数据的分发方面彼此难以达成信任。

2. 技术支持环境对协同科研的支撑严重不足。本研究梳理了现在可以访问的 8 个 E-研究院的网站功能，如表 7—2 所示。

表 7—2　　　　　　　上海 E-研究院部分网站功能设置

E-研究院 \ 网站功能	学院简介	人员介绍	通知公告	成果展示	资源分享	协同研究	通信交互
水产养殖 E-研究院	√	√	√	√			√
社会学 E-研究院	√	√	√	√	√		√
中医内科学 E-研究院	√	√	√	√			
计算科学 E-研究院	√	√	√	√			
比较语言学 E-研究院	√	√	√	√			
化学生物学 E-研究院	√	√	√	√			√
音乐人类学 E-研究院	√	√	√		√		
体育与健康伦理 E-研究院	√	√	√				

从表 7—2 可以看出，E-研究院虽然建设初衷是为了利用网络技术搭建科研平台，但实际建设的科研平台主要承载学院简介、人员介绍、公告和成果展示等普通的展示性功能。有学术资源分享功能的仅有两家，有通信交互功能的仅有三家，没有一家研究院能够支撑协同研究功能。基于网络的协同科研组织本质上表现出较高的信息技术依赖性，但我国建设的 E-研究院却在网站功能设置上没有充分利用网络信息技术支撑资源分享、交流讨论和协同研究等功能。

三　实践效果

上海高校 E-研究院走过了近 20 年的发展历程，既有上海市教委给予的政策扶持，也有各研究院的挂靠高校在人员、场地、实验室等方面的持续投入。本研究调研的 E-研究院的首席研究员、管理人员、具体负责人员普遍认为 E-研究院在推进各高校的人才培养、科研方向聚集、学术成果发表等方面都发挥了显著性的作用。

如水产养殖E-研究院从建设至今，参与到E-研究院的首席研究员和特聘研究员以E-研究院为署名单位发表了近40篇学术论文，以水产养殖E-研究院之名举办6次学术研讨会，E-研究院的特聘研究员、学术委员会成员为上海海洋大学师生做讲座和学术报告多次。E-研究院汇聚起一批水产养殖领域志同道合的科研人员，促进了校内外研究人员的沟通交流，也促进了跨学科交流。

中医内科学E-研究院从建设至今，参与到E-研究院的首席研究员和特聘研究员以E-研究院为署名单位发表了近300篇学术成果，在人才培养和协同科研方面取得了较为显著的成果。现代中医研究中非常需要吸纳系统生物学、代谢组学等领域的研究成果，中医的研究范式和研究方法尚不能在这些方面实现科研创新，但中医在临床诊疗中积累了大量的病例、血样，这些资源成为系统生物学研究的基础资源。由此，E-研究院的国内研究员在与国外特聘研究员的合作过程中，把中国的青年学者推荐到国外特聘研究员所在的大学实验室接受联合培养或做博士后，以青年学者为载体，带去中国诊疗过程中积累的病例、血样等资源，系统学习和应用国外系统生物学的研究方法，从而挖掘一系列的病因并提出诊断方案。在中医内科学E-研究院内部，这种合作模式现在已经成为一种获得较高认可度的、稳定的合作模式，被推荐出去的学者基本上都能做到学成回国，并表现出相对较高的学术水平。

上海大学高校社会学E-研究院在10余年的建设过程中，学术成果较为丰厚，发表了以该院为署名单位的中文学术论文近100篇，不间断地开展较大规模的社会调查，承担各级各类课题近30项，E-研究院的研究员每年还开展学术讲座多次。以研究院为依托平台，E-研究院与地方政府开展了良好合作，如与宁波市政府合作，成立上海大学宁波社会调查研究中心。

在取得上述成绩的同时，不能回避的一个现实是，E-研究院并未完全达到建设之初所确立的目标，没有一个E-研究院能建构起网络系统开展科研数据资料的交换，各个E-研究院的组成人员以精英学者为主，没能形成研究的梯队，已有的网络支撑平台尚不能支撑协同科研。

第三节 中国科学院的 Duckling 和科研在线平台

中科院网络信息中心开发的 Duckling 平台原本主要是实现对召开学术会议的支持，Duckling 把有关学术会议的所有功能都集成在了一个平台上，能支持会议用户几乎所有的需求，如酒店预订、论文提交、论文审阅、会议网站域名指向等功能，大大方便了学术会议网站的建设，成为了在学术会议召开之前参会者提前开展学术交流的活动社区。Duckling 平台现在已经实现了诸多成功的协同科研，中国科学院的科研在线平台正是以 Duckling 为基础建立起来的，虽然在功能上有交叉，但现在两个平台都作为独立的平台运行。

一 Duckling 平台的功能及应用效果

Duckling 作为一个较为完整的协同科研工作环境套件，具备为团队协作提供资源共享和协同创新的功能。该平台设置了虚拟组织管理工具、文档协同工具、文档库管理工具、统一通信工具、活动组织工具五大类工具，提供统一登录、业务整合、插件整合以及通讯整合等个性化定制服务。Duckling 的虚拟组织管理工具支持研究人员完成基于网络的协同科研组织的创建、运行和解散。文档协同工具主要是支持研究人员完成文档的协同撰写、编辑，为基于网络的信息发布和科研项目的文档管理提供了支撑。文档库管理工具重点在于对文档资源的分类存储和快速搜索，这个管理工具充分考虑到文档分享的安全性，为文档的访问设定了身份认证，且文档都是在加密以后存储。统一通信工具实现了在 Duckling 平台上的同步或异步的科研通信，设置了类似于 QQ 的交流工具。活动组织工具主要实现对召开学术会议的一系列管理功能。

在2008年北京奥运会前夕，Duckling支持来自环境、气象、地质等多学科的专家联合对北京的空气质量做出检测。它还支持中科院大量化物所建立了文献共享平台，支持西安加速器质谱中心智能化数据管理平台。在2009年的国际生化大会中，Duckling作为会议管理平台完成了该学术会议从接收稿件到会务管理等繁杂的管理工作，该平台也支撑了2015年在山东大学举办的第22届国际历史科学大会。

二 中国科学院科研在线平台的功能及应用效果

中科院科研在线平台（www.escience.cn）是由中国科学院网络信息中心开发的支撑数个基于网络的协同科研组织运行的技术支撑平台，在文档管理上，中科院科研在线平台提供了文档的上传、下载等功能，在线编辑都采用了加密技术，与著名的Dropbox[①]具备非常相似的团队文档协作功能，使该平台的管理人员无法看到文档的明文，只有科研团队成员才能看到文档的明文。科研在线现在不仅可以通过电脑终端访问，而且还支持移动终端的访问，设计了在Android、IOS、Linux等多个操作系统下的访问终端。与Dropbox不同的是，科研在线的团队协作文档管理平台还实现了版本控制和在线编辑，当然这种编辑主要是基于office的套件，主要是office格式的文件。在版本控制中，可以对多个版本的文档进行比较，并把不同之处用高亮字体显示给科研用户。

中科院科研在线平台提供的科信平台，可被视为企业级的聊天工具。该平台实现了对组织成员管理的虚拟化，把实体科研团队的组织架构完全复制到平台上，进而在这个平台上开展科研交流。不

---

① Dropbox是美国于2007年创立的一家公司，能把电脑端的文件同步到云端，其后电脑端文件的修改能全部同步到云端，通过电脑或移动终端访问、修改云端的文件可以保证版本的统一，无须再手动地拷贝、上传下载。

同于企业 QQ 的是，科信平台上的每个用户的登录完全是基于科研在线的通行证登录，这样就实现了单点登录、全面进入的目标。

中科院科研在线平台并非是一个封闭的平台，它采取了与 ResearchGate 相似的模式，该平台基于 OAUTH 协议与新浪、腾讯、网易等公司签订了合作协议，这些网站的用户通过绑定原来的用户名与科研在线上的通行证，用原来的用户名就可以登录到科研在线。因为对于多数用户而言，在这些公共平台上的社交还是占据主流。科学研究本质上也是一种社会交往行为，基于这种合作模式，通过科研在线就与这些大的社交平台实现了连通，能够快速地实现知识分享和学术社交。在支撑虚拟研究团队建设方面，中科院科研在线平台既可以支持把传统的实体研究组织全部实现网络化管理，也允许课题负责人建立长期或者临时的虚拟研究团队，团队成员的组成完全由课题负责人设定。中国科学院遍及全国的 300 多个研究所几乎都有研究团队在中科院科研在线平台上开展科研合作，虚拟研究团队的数量在不断增长，一线研究人员在给技术支持人员的反馈中表示，科研在线平台的使用显著提高了科研工作效率。

第八章

中国实施科研信息化所面临的困境及对策

　　前述几章对基于网络的协同科研组织的优势、结构、构建运行过程及技术支持平台做了分析，这些研究显示，为了能较好地发挥大学在场地、设备、经费等实体资源的效用，基于传统实体机构、依托内设虚拟研究环境应作为中国大学发展基于网络的协同科研组织的理性选择。在组织结构上，因为星型结构业已在一些跨学科课题攻关中得到采用，大学基于网络的协同科研组织选择星型的组织结构更容易被研究人员接受，也便于大学实施有效管理。随着基于网络的协同科研组织应用范围的扩大，基于协同科研平台或者是公共学术社区的自组织网状化结构也应该得到鼓励。在国际化科研合作中，松散联盟式的网状化组织结构则更为现实。同时，通过访谈研究也显示，中国构建基于网络的协同科研组织面临着诸多制约因素，基于网络的协同科研组织虽然与传统研究组织相比表现出多方面的优势，但仍有诸多难以克服的局限，中国大学发展基于网络的协同科研组织的实践中在构建、运行及技术支持方面缺乏较为系统深入的设计，中国大学构建与运行基于网络的协同科研组织需理性面对中国大学长期以来业已形成的学术组织架构、科研文化和基于网络的协同科研组织运行中的风险。

第一节　制约中国构建与运行网络化协同科研组织的主要因素

本研究的访谈内容显示，当前中国的科研网格、超级计算机中心等科研信息化基础设施已经比较完备，更为可喜的是，中国IT行业从业人员、各高校和研究院所的信息技术人员在建设协同科研平台、开发科研工具方面也不输于欧美发达国家。中国自主开发的Everlab云端实验室致力于科研数据及科研工作的规范有序，为实验室的虚拟化管理提供"一站式"解决方案。本研究在访谈中与两名分别从美国和德国留学回国的材料学科的学者进行交流时获知，即使在美国著名的研究型大学和德国的马普研究所，如此细化精密的信息技术应用也不多见。总体来说，在技术支撑上，中国的科研信息化基础设施及面向客户端的虚拟研究环境都已经满足基于网络的协同科研组织的建设与发展之需，但中国高校、研究院所建立起来的基于网络的协同科研组织却乏善可陈。

本研究把制约中国大学构建基于网络的协同科研组织的8个内容项做出了如下概括：第一，因为在理念上访谈对象对基于网络的协同科研组织的认知表现出较大的差异，对基于网络的协同科研组织促进科研绩效提升有所期待的同时，也对基于网络的协同科研组织中的信任与尊重表现出较大怀疑，因此把对基于网络的协同科研组织的认知、信任与尊重两个内容项合并为我国大学发展基于网络的协同科研组织制约因素的认知维度。第二，因为基于网络的协同科研组织的网络化、扁平化等组织特征而使基于网络的协同科研组织的组织成员表现为松散的联结，任务分工较难安排，所以把结构松散和任务分工两个内容项合并为制约因素的结构维度。第三，因为基于网络的协同科研组织在网络信息技术支撑下才能构建、运行，受访者在信息技术使用水平和安全性这两方面的疑虑应合并成为制约因素的技术维度。第四，借由虚拟空间能获得丰富的、有价值的学术资源是研究人员对基于网络的协同科研组织的重要期望，如"基于网络的协同科研组织的内涵与本质"中的"学术资源"是出现频次最高的内容项，高达35次，"基于网络的协同科研组织的动机"中的"文献资料"内容项出现频次为22次，"虚拟研究环境的功能设置"中的"文档、资料"与"制约因素"的"资源"内容项出现频次都高达29次，资源库的形成既有基于网络的协同科研组织创建伊始的基础构建，更有赖于后来参与者的不断分享、积累，所以资源、分享意识这两个内容项可合并为制约因素的资源维度。

基于上述内容分析，本研究将从认知、结构、技术、资源这四个维度来对制约中国大学基于网络的协同科研组织构建的主要因素展开详细讨论，最后一条从科研文化的角度分析中国研究人员与欧美发达国家研究人员在学术交往与资源分享行为上的差异。

一 认知上缺乏对基于网络的协同科研组织绩效的认同

在对协同研究团队的访谈中，两个团队的成员在组织变为虚拟化运行后都表现出对团队可否实现任务的担忧，表现出极大的对团队绩效的不信任感，团队成员正是源于这种担忧而在行动上体现出懈怠。同样在上海高校 E－研究院的访谈中，虽然被访的首席研究员没有明确说出特聘研究员源于团队虚拟化而产生的懈怠行为，但日常管理人员对这点体验比较深刻。一位日常管理人员负责与10位特聘研究员联系，在其与特聘研究员就工作安排进行电话沟通过程中，研究员普遍表现出对 E－研究院可以实现研究目标的担忧，他们认为这种不聚合在同一物理空间、缺乏共同实体归属的组织是不稳定的。

被访的多位教授虽未亲自构建过虚拟研究团队，但均有参与虚拟学术社区的体验，除了一位计算机学科的教授和一位公共管理学科的教授，其他教授都对跨学科的、基于网络的合作表现出怀疑。如其中的一位经济学教授从自身体验出发谈到如下案例：在一次课题申请中客观上需要与公共管理学科的学者合作，起初双方合作意愿都非常强烈，但后来公共管理学科的学者提出学校职称评定中要求所参加的课题至少要排名第二，否则无效。被访谈人在课题组中还有位同专业的教师在课题分工上分担较大的课题任务量，如果排名靠后有失公允。面对这种冲突，最终与公共管理学科学者的合作未能如期达成，双方都非常遗憾。由此，被访者认为同在一个大学、彼此熟识的人尚且因为排名、学术评价等问题无法开展合作，何况是跨越学科、跨越学校甚至国际化的合作。

中国科学院的三位技术开发人员的体验一定程度上印证了研究者在基于网络的协同科研组织认知维度上的局限。中国科学院科研在线平台日常运行的主要负责人谈到，在平台推广应用的初期，有一大部分研究院所的领导认为把全体研发人员以网络形式连接起来只是一种"赶时髦"，仅是完成团队展示，不太可能对科研绩效产生实质意义。

二 结构上过度依赖行政化管理

本研究在对上海高校 E-研究院的相关人员访谈过程中发现一个普遍的现象，所有的 E-研究院都实行了首席研究员负责制，其他特聘研究员是否参加 E-研究院的学术活动、参加哪些学术活动、要做到什么程度等都是由首席研究员确定。也就是说，E-研究院的组织结构是典型的"星型"结构，实行中心化管理。特聘研究员的合作方主要是首席研究员及 E-研究院挂靠高校内的研究人员，特聘研究员发表学术论文时的署名单位主要是自己原来的所在单位、E-研究院及 E-研究院挂靠高校内部的某个学院，特聘研究员共同发表学术论文的情况较少。当然这符合 E-研究院设立时确立的"招揽人才，促进校内外合作"的目的，但被访的首席研究员也提出，基于 E-研究院这个平台如果能够促使校外特聘研究员之间实现合作也是 E-研究院重要的边际效益。

若再看本研究访谈的两个协同研究团队，团队成员对于权威领导的作用都高度认可，如果没有权威领导的安排，工作的效率就大大降低。被访的三位中国科学院的技术开发人员同样指出，科研在线平台上现在有数百个可以称之为基于网络的协同科研组织的虚拟团队，这些团队都是围绕某一个"老板"运转。我国国情下对星型结构下行政化管理的普遍采用导致了对团队领导的依赖，若团队领导勤于管理、对团队成员的任务分工清晰，则团队高效运转；如果团队领导稍有懈怠，则团队就限于工作停滞。被访的 8 位教授中的一位材料学教授指出，中国人对中心的观念是根深蒂固的，虽然网络组织为去中心化管理提供了便捷的技术支撑，基于网络的协同科研组织也要依赖去中心化以发挥每位参与者的积极性，但我国学者倾向于在所处的组织架构中寻找一名权威和领导者，然后以他/她为中心，并且对这个权威表现出极高程度上的信服，研究主体的参与意识、分享意识较弱，这与欧美文化中的"去中心化"形成鲜明对比，更不适应于互联网时代对主体意识的强调。

三 技术上未形成统一可靠的工具依赖

服务于科研人员的虚拟研究环境，总体来说要提供两大方面的服务，一方面是能提供完备的学术资源；另一方面是能为交流、讨论与协作提供支撑工具。上海高校 E–研究院的被访人员对没有形成基于网络的协同科研平台颇为遗憾，但他们也表示，研究员对技术的应用总体来说非常熟练，基于电子邮件能完成常规的交流。尽管如此，管理人员反映经常出现研究员向他们询问以下几个问题："能否把上次发的邮件再发一遍？""可否把放到网站上的通知直接用电子邮件发给我一份？""这个邮件其他教授是否也收到了？"一定程度上反映出研究员对邮件使用的主要是基本的收发信息的功能，对抄（密）送、附件存储、分类管理等功能应用较少。

关于科研中的交流通信工具，现在已经非常的丰富，但作为有效的科技信息分享工具，国内对电子邮件除收发信息和文件之外的功能挖掘较少，国内研究者会补充使用手机、电话、即时通信工具等多种零散的交流工具。与中国形成鲜明对比的是，欧美国家间形成的一个传统是对邮件列表（email-list）的大量使用，在学术交流中以邮件列表形式，研究组织的成员可以把最新的科研进展或者自我感觉最有心得的研究体验与大家分享。被访的一位计算机学科教授和两位材料学教授认为，欧美国家邮件列表的使用并不限于在研究组织中一般成员间进行知识分享，而且研究组织中的领导者也会积极使用这种工具。计算机学科的教授提到关于软件工程中的软件成本预测研究这个研究方向，全球在这方面开展研究的人数不超过60人，这些研究人员间主要依靠邮件列表进行知识分享，并通过邮件进行学术讨论，但依靠这种模式这近60个人之间依然能保持较为紧密的学术联系。邮件列表这种工具虽然非常简单，但有效地实现了知识的分享。

值得注意的是，通过邮件列表的资源分享和基于邮件的交流还能实现文档的协同撰写及版本控制。多人合作过程中需要不断地修改论文版本，后续的改动需要对已有版本进行回溯，邮件把这些不同版本都做了保存，有较好的版本控制功能。我国学术交流中使用的通信工具比较分散，未能建构起有版本控制、版本回溯和协同修改功能的学术交流工具，一定程度上限制了信息分享的频度和广度，也制约了协同研究的深度。中国科学院的三位技术人员还发现，协同科研平台上团队成员能够应用"云"功能实现资源分享，但极少有人在平台上做讨论，专为学术交流设计开发的即时通信工具（如中国科学院科研在线平台上的"科信"）使用率很低，团队成员仍习惯于脱离平台应用邮件、微信、飞信等日常生活中的通信工具，学术交流过程记录严重不足，而美国的 nanoHUB 和 CSBI 两大基于网络的协同科研组织的协同研究平台上汇集了大量的学术交流过程记录，这些平台为团队成员的学术交流提供了稳固的技术依赖。

四　资源上积累与分享机制匮乏

国内科学研究的管理过程只是把一些表面的数据呈现出来，如课题名称、组成人员、经费等数据，但研究究竟是如何开展的、研究过程采用了什么样的研究方法、过程性数据等都没有记录。一个研究机构的科研档案主要是所发表的论文、课题立项书、结题书等比较显性的材料，这些材料不能为后来的研究者提供进一步研究的基础。这就使前面的研究者不能与后来的研究者进行知识的分享，研究的积累性很弱。推而广之，研究的过程性数据如果不仅是在一个研究机构内共享，而是多个研究机构的数据都积累起来，这就形成了庞大的科研数据库。正是因为很早就认识到了积累和分享的重要性，美、英、德、日等国在长期的科研积累中形成了种类丰富、数量庞大的科研数据库，形成了这些国家科研长足发展的基石。

中国在学术积累方面与国外还有非常大的差距，被访的两位材料学教授（其中一位教授在德国马普研究所学习工作8年）认为，中国在科研的硬件设施、仪器、经费等方面都不输于发达国家，但在科研数据库方面比较欠缺，这是制约科研创新的主要原因。中国的一批学者之所以在国外能够紧跟时代前沿较快地做出学术创新，很大程度上得益于这些国外长期积累的科研数据库，他们有不少科研创新是在前人已有研究的基础上又向前稍微迈进了一小步，就实现了较大的科研突破。

中国学者的个人学术资源开放度不高，尤其是一些已经在领域内形成较大影响的专家，不愿意宣传自己的科研进程。E–研究院的被访人对此深有体会，被访的首席研究员认为中国在文化上缺乏分享的意识，缺乏版权保护的法律意识，在敏感科研数据的分发方面彼此难以达成信任。E–研究院运行过程中曾有研究员提出由第三方建立协同数据共享中心，上海在新药临床试验方面也在做这方面的尝试，但第三方机构提出对共享数据的有偿使用，由此出现了协同数据共享中心运行模式中信息共享与垄断并存。中国文化中的家族文化、私有文化在科研合作中体现得淋漓尽致，一定程度上阻碍了对科研数据库的共享共建。作为一种妥协的策略，E–研究院正在尝试采取一种折衷的方案，即把科研数据按机密程度分级，最低机密程度的数据可以让全部合作者都能分享使用，机密程度较高的数据可以在一定范围内实现可控的分享，机密程度高的数据可以暂不分享。但使用分享数据的研究人员在成果发表时必须注明所用数据的来源，要标明数据分享者的贡献。

对科研原始数据基于网络的档案化管理（WEB Achieve）工作是当务之急，无论是小型的研究团队还是大型的研究组织，都应建立起科研数据的监护中心（Data Curation Center，DCC）（钱鹏，2012）。基于网络的协同科研组织的发展是以资源为基础的，如果研究者能在协同科研平台上获取到非常有价值的数据资料，协同科研平台对研究者的吸引力自然大幅提高。中国科学院生物能源与过程研究所的两位被访人在协同科研平台建设的设计阶段就专设了一个科研数据库模块，他们提出让研究人员在结题前把课题的原始数据记录提交给档案管理部门，然后才能给予结题，根据他们的设想，这些提交的原始数据日积月累就会成为内容丰富的科研数据库，能保证机构内的每次研究为后续研究提供基础。

五　科研文化上的资源竞争多于学术追求

中国两位著名科学家饶毅和施一公曾指出，"在中国，相当比率的研究人员花了过多精力拉关系，却没有足够时间参加学术会议、讨论学术问题、作研究或培养学生"。中国当前的科研文化中显然对资源的竞争大于学术的追求，在大量的以学术之名的会议上，研究人员更想借助会议这个平台认识更多的学术权威，以求在项目评审、论文评审中能获得支持，学术会议这个平台某种程度上就成了学术利益的角逐场合。既然在实体空间中如此，那在虚拟空间中是否我国的科研文化能更为纯粹或者更以学术为中心呢？本研究曾使用过著名的小木虫社区和人大经济论坛，但这些平台上以基金评审讨论为主题的社区汇集人员最多，讨论也最为热烈，可见实体空间中的科研文化在虚拟空间一定程度上也得到了延续。

如果再回到以学术为主题的社区，本研究对 CSBI、nanoHUB、

CICERO 的考察中都显示，这些基于网络的协同科研组织会要求组织成员第一时间把研究的数据资料与研究成果提交到平台上，而这些组织的成员也的确会遵守这种承诺，正因为如此，这些组织不仅是协同研究的空间，更是丰富的研究资源的集散地，对研究者而言具有极大的吸引力，从而聚集了更多的成员，形成良性循环。但在我国，因为信用文化较为薄弱，组织成员一般不会信守学术承诺，参与到基于网络的协同科研组织的动机以索取为主的多，但贡献的少，因此基于网络的协同科研组织的资源库很难得以建立，对其他研究人员的吸引力也就降低，难以实现人员汇聚，这就构成一种恶性循环，极大地阻碍了我国基于网络的协同科研组织的创建与健康运行。

第二节 构建与运行网络化协同科研组织的策略选择

在基于网络的协同科研组织的创建与发展中，面对中国长期以来形成的科层化的学术组织架构，我国大学应首选在传统科研管理系统的基础上加入支撑科研协作的平台，构建承载丰富学术资源的虚拟研究环境，应正视制约我国构建与运行基于网络的协同科研组织的主要因素，消除大学基于网络的协同科研组织建设与运行中的资源约束，逾越跨学科研究的制度障碍，同时，要合理设定基于网络的协同科研组织的功能预期，时刻防范科研信息化所带来的数据失真及网络安全风险。

一 依托技术平台促进基于网络的协同科研组织的多元化建构

基于网络的协同科研组织是当前学术组织创新的重要选择，但大学发展基于网络的协同科研组织不能以强制的方式干预教师或研究人员的科研行为，不能采取急推猛进式的策略。在促进基于网络的科研协作方面，大学应做好技术平台的建设，搭建功能完备、资源丰富的虚拟研究环境，并顺应学术研究的需要采取多种方式建构基于网络的协同科研组织。如果课题研究在时间上有紧迫性且信息技术依赖度较高，则适于以新设研究机构的方式新建基于网络的协同科研组织，而大多数的研究人员则需要在传统组织转向网络化、虚拟化的进程中，依托学校提供的虚拟研究环境逐步构建基于网络的协同科研组织。

（一）以新设研究机构的方式新建基于网络的协同科研组织

新建基于网络的协同科研组织是指在大学层面创设新的研究机构，这个机构招聘新的学术带头人和研究人员，但是依托虚拟研究环境开展研究。如斯坦福大学的 BIO–X 采用了这种模式。该基于网络的协同科研组织公开招聘人员构建研究团队，斯坦福大学内部的很多科研人员也被招聘进这个组织，同时脱离了所在院系的隶属关系。这个机构直接归学校管理，在经费、设备、人员等方面都不与传统的院系构成竞争关系。另外，围绕重大课题新建基于网络的协同科研组织也更为可行、便捷。如国家社科基金重大项目、国家自然科学基金重点项目、重大科技攻关计划等课题一般都是参与人员多、参与单位广、学科交叉性强，学校可采用专项经费或配套经费的方式支持课题组依托技术平台建立基于网络的协同科研组织，这样容易起到引领和示范作用。新建基于网络的协同科研组织的方式是用筑巢引凤的指导思想来构建基于网络的协同科研组织，使基于网络的协同科研组织成为大学凝聚校内外研究人员的重要平台。

（二）在传统组织的网络化、虚拟化进程中逐步构建基于网络的协同科研组织

传统组织网络化、虚拟化是在学校财力有限的情况下，通过在传统院系、研究所内部建立基于网络的协同科研组织，以传统组织为依托，基于已有的设备和场地，重点是搭建基于网络的科研协作平台。中国科学院内部的部分研究院所就是采用这种方式促进传统组织的再造，要求每位研究人员的学术成果、科研履历、正在从事的研究、所在的研究团队都放到虚拟空间，引导研究人员基于网络

分享资源、协同撰写、召开虚拟空间的学术讨论会。一个需要特别重视的现实是，当下中国大学内部的教师以院系、研究所为单位借助网络社交工具建立虚拟社群已经非常普遍，但社群并非被全部用于学术交流，只是日常联系，分享的资源与学术关系不甚密切。这些社群某种程度上已经具备了虚拟研究环境的一些功能，如资源分享与即时交互，但绝对不能等同于专业化的虚拟研究环境，公共社群没有协同撰写工具，缺乏对文档保密传输的支持，没有专业的模拟仿真工具、计算工具等研究工具，更缺乏学术交流的氛围。大学应搭建起公共的协同科研平台，为每个院系、研究所、研究团队提供构建基于网络的协同科研组织的专业化技术支撑。

基于网络的协同科研组织在中国的创建对大学管理者及对基于网络的协同科研组织的成员而言都面临不适应，这种不适应体现为管理者对科研信息化理解上偏重于硬件建设而忽视软环境的营造，对研究人员而言是对学术分享习惯的冲击，对信息技术工具、协作研究环境使用上的不适应。为此，学校应成立专门的基于网络的协同科研组织发展指导委员会指导基于网络的协同科研组织的构建，也为参加到基于网络的协同科研组织的教师提供咨询和指导。我国大学在近20年间的信息化建设过程已经打下了科研信息化基础设施的坚实基础，当前主要是面向研究者的学术终端应用匮乏，同时合作、协同的科研文化还未获得教师群体的深度认同（郭菊娥、李圭泉，2012）。基于网络的协同科研组织发展指导委员会应有以下职责：①为学校管理与服务基于网络的协同科研组织提供政策建议，论证评估新设基于网络的协同科研组织的组织模式与管理策略；②指导开发或购置适合校本应用的协同科研平台，为教师和研究人员构建功能完备的虚拟研究环境；③提出指导教师基于网络协同科研的培训计划，为参加基于网络的协同科研组织的教师和研究人员提供咨询指导。

二 构架承载丰富学术资源的虚拟研究环境

支撑研究者开展基于网络的科研协作首先要有包含丰富信息交流工具、资源分享工具、协同编辑工具等工具的虚拟研究环境,其次,这个环境还要承载丰富的学术资源。虚拟研究环境在提供便捷工具方面现在已不是问题,问题的关键是如何把平台上的学术资源做充实,唯有资源的充实才能对教师和研究人员产生吸引力。中国科学院科研在线平台的开发者、支持者基于对数百个基于网络的协同科研组织的观察发现,越是学术资源分享丰富的组织学术社交活动越为活跃,协同科研平台的利用率也越高。大学应在学校既有学术资源的网络分享、科研项目管理及鼓励学术资源建设三个方面充实丰富 VRE 中的学术资源。

(一) 学校既有学术资源的网络分享

本研究通过对美国麻省理工学院的 CSBI 及新西兰奥塔哥大学的 CICERO 两个基于网络的协同科研组织案例研究发现,CSBI 把 MIT 有关计算机系统生物学方面的学术资料分类汇总集中展示在 CSBI 的虚拟研究环境中,新西兰奥塔哥大学的 CICERO 把该校临床医学的研究者以往所做的研究以及医生做手术的录像存储到了技术平台上。这些基础性资源的存在对吸引研究者参与到基于网络的协同科研组织中起到了极大的推动作用。同样,我国大学在长期的学术研究中也形成了非常宝贵的研究资料,尤其是一些大学的优势学科、特色学科,这些资源一般存放在学校的档案馆、自建数据库中等,大学有必要按照学科专业分类把这些资源存放到虚拟研究环境中,如果已经实现了电子化,则可以镜像链接到 VRE 中,使每位教师或者研究人员进入到虚拟研究环境中就体验到平台学术资源的丰富。

(二) 借助日常科研项目管理持续丰富学术资源

我国大学科研项目管理系统的科研项目结题现在一般都是收录课题结题书、发表的学术成果等结果性资源,但基于积累的视角我们应该注意到,研究过程中搜集到的资料、数据同样非常宝贵,可能支撑起后来者构架一个新的研究、形成新的研究成果。因此，在不违背保密协议并且征得研究者同意的前提下，大学应引导研究者在结题时一并把过程性的科研数据资料归档，并放到基于网络的虚拟研究环境中，这样一方面是对学校既有学术资源的充实，另一方面又保持了学术资源库的持续更新。

（三）鼓励学术资源库的建设与分享

大学非常重视对教学资源的积累，如对著名学者讲课录像、优秀课件的收集存储，甚至投入不菲的经费建设精品课程、公开课程等，但不能忽视的是每个院系、专业、研究团队在长期的学术研究中都积累起了丰富的学术资源，只是一般都散落在各个研究成员处。这些学术资源包括实验的设计方案、为课题研究所搜集到的文献和数据、数次专家讨论会的会议记录、访谈记录、问卷调查的原始数据等，这些生动、鲜活的过程性科研数据资料理应同样受到重视和归集，大学应以专项经费的方式支持院系、专业甚至教师建设和分享学术资源库。

三 消除基于网络的协同科研组织建设与运行中的资源约束

基于网络的协同科研组织虽然是虚拟的科研组织，正如曼纽尔·卡斯特（2000）所言，"以电子整合为核心的新沟通系统其历史特殊性并非是诱发出虚拟实境（virtual reality），反而是建构了真实虚拟（real virtuality）"。这就意味着这类组织仍然需要场地、设备和经费等真实的资源，大学需要筹集和整合既有的学术资源甚至通过专项资助的形式给予基于网络的协同科研组织在人事、设备、场地等方面的保障。

（一）基于校级统筹破除基于网络的协同科研组织的资源瓶颈

我国大学的院系、实验室、研究所（院、中心）掌握着主要的学术资源，为了推进基于网络的协同科研组织的建设，必须从学校层面协调，使这项原本归属单个研究实体的设备场地资源能够得到统筹盘活使用。当然，这并不是说要打乱院系原有的工作秩序，而主要是对大型设施、场地和昂贵设备的共建共享。在实验室的使用方面，应充分利用信息技术，搭建协同虚拟实验室系统。我国大学当前还停留于对设备、场地资源的院系分割状态，而国外大学基本都已实现了对这些学术资源的校级统筹协调，使这些资源不再完全依附于既有的院系和既有的学科。如英国布里斯托大学（University of Bristol）就建立起了大型设备的合作共享机制和预约运行机制，并依托这些大型昂贵的设备建立起 Bristol 纳米科学和量子信息中心（NSQI），成为该校的多学科交叉创新平台（罗民、王力峰，2013）。

（二）为基于网络的协同科研组织的发展加大经费支持

基于网络的协同科研组织需要充沛的经费支撑，如我国建设协同创新中心的过程中，采取设置种子基金的方式支持基于信息技术的跨学科交叉研究。在科研信息化基础设施方面，学校应拿出专项资金，在常规的信息化建设基础上，着重设计与配置科研信息化环境和网络中间件的开发与部署。只有具备了充分的经费支持，研究人员才能获得充沛的学术资源，才能有健壮易用的协作平台。欧盟的基于网络的协同科研组织 SS 调查结束后形成的政策建议中反复提到应增加在基于网络的协同科研组织基础支撑平台建设方面的经费支持力度。关于从学校层面的经费支持手段的创新，美国大学有两方面的做法需要我们关注和借鉴。

第一，大量设置种子基金。一般这些基金会被冠以"卓越"之名，如"卓越基金委员会""科学与工程卓越基金会""顶级卓越研究项目""卓越靶向计划"等（陈何芳，2011），目的就是要使获得资助的协同科研组织达到"卓越"的水平。如哈佛大学设立的哈佛奥尔斯顿合作基金（Harvard Allston Partnership Fund）作为种子基金支持教师间的合作。

第二，美国大学很重视对基于网络的协同科研组织的设施投入。基于网络的协同科研组织虽然作为虚体化的存在，但要使组织化的科研活动得以启动，必须有充足的经费支持。世界上成功运作的基于网络的协同科研组织都具备"丰厚的研究经费支撑"。基于网络的协同科研组织基于信息技术平台的支撑、以研究项目或研究计划为载体，把各参与主体组织起来进行协同创新才是基于网络的协同科研组织的根本功用。如斯坦福大学的 BIO－X 计划，1998 年该计划被提出，2001 年在企业家 Clarks 捐助了 Clarks 中心大楼以后，该计划有了其组织者独立办公的物理平台，到 2007 年，该计划获得了 2500 万美元的研究经费。为使基于网络的协同科研组织能长期健康发展，以研究项目的形式进行持续性经费资助在基于网络的协同科研组织建立之初必须明确规定下来（陈凯泉、张士洋，2012）。

四 逾越跨学科研究的制度障碍

中国的大学及科研院所构建基于网络的协同科研组织不仅仅是同一学科、同一专业的协同科研，更应支持跨学科的协同科研。我国长期以来存在院系分割的组织藩篱和制度障碍，构建跨学科的基于网络的协同科研组织，必须逾越跨学科研究的制度障碍。美国 NSF 资助的 VOSS 项目 "Research Collaboration Network for Managing Collaborative Research Centers"（用于协作研究中心的研究协作网络）是由美国佐治亚大学（University of Georgia）研究人员指出破除跨学科研究合作的障碍是推广应用基于网络的协同科研组织的必要手段。

中国大学内部学科间的合作近几年发展很快，成立了诸多跨学科的高级研究院或者研究中心，这些跨学科组织主要以论坛和会议的形式组织多方专家参与合作，并未能实质上形成多学科合作开展知识创新的实践。以基于网络的协同科研组织为平台，推动这种实质性的合作不失为一种尝试。为此，应采用固定和流动相结合的人事制度，制定相应的规范和条例对教师的跨学科研究发挥鼓励、指导和规范的作用，教师应在这个制度框架内自由地选择组织归属，使学术资源达到共享共用，学术绩效也应获得公正而充分的评估。

大学和科研院所不能让教师、研究人员仅仅成为某一研究实体的成员，应鼓励教师和研究人员在不同的研究组织内开展研究，拓宽教师和研究人员的学术交流空间。根据实际工作的需要，可以采取定编不定人的动态用人模式，即为基于网络的协同科研组织设定一定的人员编制名额，但这些名额可以在不同时期允许不同的教师兼任；此外，基于网络的协同科研组织内的研究人员也可采用专职和兼职相结合的模式，专职研究人员适合对基于网络的协同科研组织的日常运行进行持续性的管理，并且参与周期较长的研究项目，兼职研究人员可以动态加入到基于网络的协同科研组织中，完成临时性或者持续时间较短的项目。专职研究人员的考核归学校管理，兼职研究人员的考核归原所属院系和基于网络的协同科研组织共同管理。比如，美国密歇根大学就实行了联合聘任制度，一名教师能公开地与校内两个或两个以上学术部门签约，并接受这些部门的考核，这样就保障了教师从事的交叉性研究工作都能得到承认（陈何芳，2011）。美国的麻省理工学院、斯坦福大学、哈佛大学、加州大学等著名大学基于学科综合化的需要，完成面向复杂的实践问题的研究（Huutoniemik，2010）。校内跨学科的基于网络的协同科研组织已经非常普遍，这些独立于传统院系的组织与传统学术组织平等合作，正在塑造一种全新的学术组织生态系统。

五 建立完善的风险管控体系保障组织的安全运行

基于网络的协同科研组织的运行存在着巨大的风险，本研究在访谈中也获知，阻碍广大研究人员参与基于网络的协同科研组织的一个重要障碍就是对知识外泄、个人隐私泄露等风险的担忧。基于网络的协同科研组织运行过程中面临多种风险，如因政府干预或者政策变动，研究课题的后续支持得不到保障，或者因为组织成员的机会主义行为导致重要数据资料和研究成果的泄露，再者还有合作成员的中途退出及合作成员对合作契约中规定的资源投入不能持续性的保障，导致极大的资金、人才和设备的不足，这种风险都会导致基于网络的协同科研组织面临解体的境地。另外，因为基于网络的协同科研组织是建立在计算机网络技术平台上的松散联盟，大量的数据、信息在网络上流动，如果信息系统缺乏可靠性或者存在漏洞，都会极大地影响协同研究的安全性。对基于网络的协同科研组织必须采取适当的措施开展风险管控。

　　基于网络的协同科研组织的风险管控应做到敏感应对、全面系统管理和全员发动，对于成员可能的中途退出或者组织成员的机会主义行为，基于网络的协同科研组织的管理者应及时关注成员的学术交往和资源分享行为，及时发现组织成员的动向；对于组织的基础保障，组织的管理者应及时地关注资金、设备、文献资料资源的充足度，甚至要检视每位合作成员的信息技术使用水平、对协同研究软件使用的熟练程度，还要密切跟踪各合作成员的研究进度；对于资料传输中可能出现的失真、篡改和丢失等问题，要确保组织内重要数据、文档的加密传送，对于成员的登录做严格的身份认证。

第九章

总结与展望

第一节 总结

本研究通过考察国外的六个基于网络的协同科研组织案例，分析了基于网络的协同科研组织的优势、面临的挑战及影响组织绩效的关键因素，并分类考察了基于网络的协同科研组织的结构；以案例研究为基础，应用社会资本理论，本研究提出了基于网络的协同科研组织构建与运行过程的概念模型，分析了基于网络的协同科研组织的构建模式与运行管理策略；通过挖掘并剖析较为典型的四个虚拟研究环境案例，本研究厘清了基于网络的协同科研组织技术支持平台的层次划分与虚拟研究环境的主要功能，并分析了中国科学院的 Duckling 和科研在线平台的功能与应用效果；以基于网络的协同科研组织构建与运行过程的概念模型为分析框架，本研究考察了中国基于网络的协同科研组织实践探索的典型案例上海高校 E-研究院；根据对借助网络开展协同研究的参与者、协同研究平台开发人员、基于网络的协同科研组织的参与者和学科专家的访谈，本研究探讨了制约中国构建和运行基于网络的协同科研组织的主要因素及应对策略。基于上述研究工作，本研究得出如下结论。

一　基于网络的协同科研组织成功发展的关键因素是在技术支持下建构互信的能够开展深度沟通的研究团队

由于参与者技术适应性不足和虚拟空间中身份认同感的降低，组织成员间的信任与尊重比较难以达成，基于网络的协同科研组织中的组织成员参与学术交流的积极性受到抑制。此外，在执行协同研究中的各项具体事项时，基于网络的协同科研组织的一些成员难免处于核心位置，另外一些成员处于边缘位置，有的成员被视为主要成员，而另一些人则被视为附属成员，因此会产生对基于网络的协同科研组织话语权的失衡。面对上述挑战，为了促进基于网络的协同研究不停留于沟通互联和分工合作，而要走向协同创新，基于网络的协同科研组织在构建阶段需选择目标一致和能力互补的合作伙伴并签订保障学术信任的合作契约，在组织运行即协同研究阶段要综合运用多种沟通方式推动组织成员间建立共识，使浅层沟通走向深度沟通，在沟通过程中打造学术互信，以此保障知识共享。

二　虚拟研究环境应能提供促进组织成员社区归属感的协同研究工具和有足够吸引力的学术资源

作为信息化环境下支撑协同科研的平台，虚拟研究环境要成为优质学术资源的集散地，应具备足够的开放性、灵活性，能支持资源库的共建共享，虚拟研究环境绝对不能只是一堆交互协同工具的组合。基于传统机构的内设平台、多个机构参与的大型协同科研平台以及公共学术社区都承载了高质量的学术资源，以此吸引参与者，然后依赖交互协同工具的便利及安全技术来促进参与者贡献自身的资源。为了保证虚拟研究环境的适用性，虚拟研究环境在设计开发过程中应有科研人员的充分参与，虚拟研究环境中的功能设置主要服务于学术社区的建设，使基于网络的协同科研组织的组织成员能有社区归属感，不能设置纷繁复杂的功能阻碍或侵扰科研的开展。

三　基于网络的协同科研组织能促成研究共同体和完成科研任务的利益共同体，构建基于网络的协同科研组织是促进教学科研融合的重要路径，我国大学应把基于网络的协同科研组织作为学术组织创新的重要选择

相较于传统研究组织，基于网络的协同科研组织更易实现知识共享和知识管理，学术资源易被转化为教学资源。通过向学生开放基于网络的协同科研组织的学术讨论社区，学生就有机会在社区中浏览、发言、质疑、讨论，能在社区中亲历知识的生产过程。如CS-BI和nanoHUB两个基于网络的协同科研组织把协同研究过程中积累形成的知识库转化为一种新型课程资源，从这种意义上而言，基于网络的协同科研组织把科研成果及时转化为教学内容，促进了教学与科研的融合。

中国发展基于网络的协同科研组织需直面中国传统上分享、协作文化的薄弱，使教师、研究人员对基于网络的协同科研组织的集体效能建立起充分的信心，需依托技术平台促进基于网络的协同科研组织的多元化建构，应逾越院系分割的体制障碍，筹集和整合必要的学术资源，并要理性审视基于网络的协同科研组织的局限，时刻防范信息化环境所带来的科研数据失真和网络安全风险。

四　虚拟与现实的优势互补与内在结合是科研组织变革发展的必由之路

国内外基于网络的协同科研组织的实践案例显示，虚拟空间的学术交流终归不能代替面对面的深度会谈，研究对象的虚拟性更无法代替实在性，互联网上普遍存在的安全风险问题在基于网络的协同科研组织中也不可避免。更为值得重视的是，基于网络的协同科研组织虽能一定程度上消解学术交流中社会分层的限制，但无法完全重构研究组织的架构，更不能改变研究组织内科学家的社会分层，学术资源借助网络走向均衡化分布的同时也在加剧关键资源的进一步集中化，关键资源向优势学科和精英科学家聚集的马太效应并未打破，精英科学家甚至借助网络能进一步强化既有的学术分层。

因此，如同基于信息技术的教学模式与传统的教学模式相结合的混合式教学逐渐被学者接受、被教师采纳，基于网络的协同研究也应接纳和融合传统实体空间中的合作行为，基于网络的协同科研组织应借助面对面交流的方式推进浅层沟通走向深度沟通，研究者不能只沉迷于知识、数据和信息的虚拟化而忽视了研究对象的实在化。传统的学术交流模式具有不可替代的价值，研究主体在采用基于网络的学术交流模式方面仍有很强的惰性，新建基于网络的协同科研组织或者以虚拟化形式重构实体研究组织的同时，基于网络的协同研究应该成为传统研究模式的有益补充，对研究者而言，参与实体研究组织和基于网络的协同科研组织两者都不可偏废。

第二节 展望

科研信息化是高等教育信息化的重要组成部分，近年来越来越多的高校基于科研信息化基础设施支撑教师、研究人员基于网络的科研协作，面向学科的协同科研平台、虚拟研究环境也越来越受到重视。对基于这些环境开展的虚拟协同研究将成为大学学术组织研究的理论热点。根据本研究在研究、写作过程中的思考，以下四个方面还需学界同仁共同继续开展研究。

第一，继续跟踪国内外基于网络的协同科研组织的发展实践，比较国内外大学在基于网络的协同科研组织创建与运行过程中的制度创新与机制设计。如欧美发达国家的很多大学建立了 e-Research 或者 E-SCIENCE 中心，一些学会内部设置了推动通过虚拟平台开展协同科研的专门委员会，这些机构对于基于网络的协同科研组织、虚拟学术社区的建设发挥着重要作用，需要对这些机构的构成、运作做案例剖析和比较研究。

第二，关于企业基于网络的协同科研组织的知识管理模型、沟通模型在建模和实证研究方面已经有大量的文献，但由于大学基于网络的协同科研组织存在组织成员的松散性、组织边界的模糊性等特征，知识在交流中的生成过程更为复杂，能记录知识的生成过程并区分出参与者的贡献是建构知识产权和学术成果保护策略的基础。关于基于网络的协同科研组织中的知识管理除了知识共享管理之外，还应进一步研究虚拟空间中知识的生成机制。

第三，在基于网络的协同科研组织中开展科研协作的一个重要基础是科研数据资料的有效分享，但当前的数据分享面临诸多障碍。已有研究考察了不同学科领域数据共享的实践情况，研究显示数据共享受到研究者的研究方法、个人习惯及科研管理体制等方面的影响，在基于网络的协同科研组织中设计奖励制度和建设促进分享的组织文化不失为加强数据共享的策略选择。现在支持科研数据资料共享的非营利组织（如 Science Commons）正在逐渐获得发展，应深入探究这类组织的运行模式和组织文化，为建设支撑基于网络的协同科研组织的科研数据库提供借鉴。

第四，对于教学与科研的关系这一高等教育研究中的重要课题，在基于网络的协同科研组织形成并在大学中得以推广的背景下，必须思考虚拟组织在使科研走向虚拟化的同时，如何使教学受益。本研究所考察的 CSBI、nanoHUB 案例都表现出对研究生教学的支撑，但基于网络的协同科研组织不能仅停留于促进研究生层次的教学，还应深入研究在科研信息化背景下教学与科研的融合策略。应深入探索把基于网络的协同科研组织与本科教学、研究生教学紧密衔接的机制，使基于网络的协同科研组织的知识共享、知识生产过程转化为生动的教学过程。

参考文献

一 中文文献

（一）著作

陈向明：《质的研究方法与社会科学研究》，教育科学出版社2000年版。

刘新立：《风险管理》，北京大学出版社2014年版。

骆品亮：《虚拟研发组织的治理结构》，上海财经大学出版社2006年版。

吕永波：《虚拟智力资源共享系统研究》，清华大学出版社2007年版。

宋源：《团队信任、团队互动行为和团队创新》，上海社会科学院出版社2010年版。

孙坦：《数字化科研——e-Science研究》，机械电子工业出版社2009年版。

王挺、卫宗荣、赵玉建：《信息时代下的虚拟研发团队管理》，中国轻工业出版社2010年版。

肖伟：《虚拟团队管理》，电子科技大学出版社2007年版。

邢永杰：《虚拟组织》，复旦大学出版社2008年版。

杨开峰：《知识管理》，中国人民大学出版社2004年版。

张红霞：《教育科学研究方法》，教育科学出版社2009年版。

中华人民共和国教育部：《教育信息化十年发展规划（2011—2020

年)》2012 年版。

中国科学院、教育部、国家自然科学基金委员会：《中国科研信息化蓝皮书 2011》，科学出版社 2011 年版。

中国科学院、教育部、工业和信息化部、中国社会科学院、国家自然科学基金委员会：《中国科研信息化蓝皮书 2013》，科学出版社 2013 年版。

（二）译著

[美] 彼得·德鲁克：《后资本主义社会》，张星岩译，上海译文出版社 1998 年版。

[美] 彼得·圣吉：《第五项修炼》，张成林译，中信出版社 2009 年版。

[美] 比默、瓦尔纳：《跨文化沟通》，孙劲悦译，东北财经大学出版社 2008 年版。

[美] 伯顿·克拉克：《探究的场所——现代大学的科研和研究生教育》，王承绪译，浙江教育出版社 2001 年版。

[美] 戴安娜·克兰：《无形学院——知识在科学共同体的扩散》，刘珺珺译，华夏出版社 1988 年版。

[美] 弗朗西斯·福山：《历史的终结及最后之人》，黄胜强等译，中国社会科学出版社 2003 年版。

[美] 理查德·L. 达芙特：《组织理论与设计》，刘松博等译，清华大学出版社 2011 年版。

[加] 马修·弗雷泽、[印] 苏米塔拉·杜塔：《社交网络改变世界》，谈冠华、郭小花译，中国人民大学出版社 2012 年版。

[英] 曼纽尔·卡斯特：《网络社会的崛起》，夏铸九等译，社会科学文献出版社 2000 年版。

[美] 默顿：《科学社会学》，鲁旭东、林聚任译，商务印书馆 2003 年版。

[美] 切斯特·巴纳德：《组织与管理》，曾琳、杨青译，中国人民大学出版社 2009 年版。

［美］萨默瓦、波特：《跨文化传播》，闵惠泉等译，中国人民大学出版社2010年版。

［美］Tony Hey 等：《第四范式：数据密集型科学发现》，潘教峰等译，科学出版社2012年版。

［美］W. 理查德·斯格特：《组织理论：理性、自然和开放系统》，黄洋等译，华夏出版社2002年版。

［日］野中郁次郎：《创造知识的企业：日美企业持续创新的动力》，李萌、高飞译，知识产权出版社2006年版。

（三）论文

曹锦丹、徐坤：《E-SCIENCE 环境下科研数据研究现状与发展趋势》，《情报科学》2014年第2期。

陈凯泉等：《矩阵化、虚拟化和联盟式：信息时代研究型大学的学术组织创新》，《高教探索》2012年第5期。

陈凯泉、张士洋：《研究型大学基于网络的协同科研组织的组建模式与运行机制》，《现代教育技术》2012年第10期。

陈凯泉：《虚拟科研环境：高等教育信息化建设的必然选择——兼论科研信息化的基本要素与内涵》，《远程教育杂志》2014年第6期。

程絮森、刘艳丽：《信息化创新型团队协作中的个人信任发展探究》，《科学学研究》2013年第5期。

褚鸣：《国外虚拟研究环境创新与组织建设》，《国外社会科学》2009年第4期。

崔振：《高校虚拟研究平台的发展与思考》，《重庆交通大学学报》2009年第3期。

丁大尉：《补充抑或替代？——STS 视野下的信息通信技术与知识生产》，《自然辩证法研究》2010年第7期。

丁坤、王英俊：《虚拟研究中心的组成形式及合作模式》，《软科学》2003年第2期。

董鹏刚等：《高等学校虚拟研究中心的运行机制探讨》，《技术与创新管理》2005 年第 6 期。

方世建、郭志军：《虚拟研发组织：高新技术 R&D 的新模式》，《中国科技产业》2000 年第 4 期。

房瑞、徐友全：《高校科研项目关键成功因素研究》，《项目管理技术》2015 年第 4 期。

龚志周、王重鸣：《虚拟团队理论研究及其发展趋势》，《心理科学》2004 年第 2 期。

桂文庄：《科研活动信息化——实现科学技术现代化的必由之路》，《中国科学院信息化工作动态》2007 年第 1 期。

郭菊娥、李圭泉：《"2011 计划"的目标追求及其实现路径》，《西安交通大学学报》（社会科学版）2012 年第 5 期。

胡成功：《高校基层学术组织存在问题的原因及改革对策》，《高等教育研究》2007 年第 8 期。

黄艳娟：《高校虚拟学术组织的学科信息服务模式》，《情报探索》2011 年第 6 期。

孔德超：《虚拟社区的知识共享模式研究》，《图书馆学研究》2009 年第 10 期。

李志峰、高慧、张忠家：《知识生产模式的现代转型与大学科学研究的模式创新》，《教育研究》2014 年第 3 期。

刘慧、吴晓波：《虚拟 R&D 联盟：新产品研发的新模式》，《发展战略》2003 年第 5 期。

刘璇华、肖君、惠青山：《虚拟研究中心及其对国家技术创新体系的作用》，《科技进步与对策》2002 年第 2 期。

刘志刚：《网络式研发组织中的人际关系分析》，《科学学与科学技术管理》2002 年第 3 期。

楼园、李晓辉、高俊山：《网络化组织形式中的信任构建——新制度主义视角》，《中国管理信息化》2009 年第 15 期。

罗民等：《英国大学的科研组织模式和运行机制研究——以 Bristol 化学系为例》，《实验技术与管理》2013 年第 11 期。

罗能生：《不对称关系与败德行为》，《伦理学研究》2004 年第 6 期。

骆品亮、陆毅、王安宇：《合作 R&D 的组织形式与虚拟研发组织》，《科研管理》2002 年第 17 期。

牛亮云：《虚拟研发组织的知识管理机制研究》，《科技管理研究》2010 年第 17 期。

钱德沛：《"工欲善其事，必先利其器"——科研信息化的若干思考》，《科研信息化技术与应用》2011 年第 1 期。

屈宝强：《网络学术论坛中的科研合作行为及其反思》，《科技管理研究》2010 年第 10 期。

汪建康、肖久灵、彭纪生：《企业知识管理成熟度模型比较：过程、等级和特性》，《科技进步与对策》2012 年第 15 期。

王东、刘国亮：《虚拟学术社区的知识共享过程及其参与主体间关系研究》，《图书情报工作》2012 年第 4 期。

王飞绒、龚建立、柴晋颖：《虚拟社区知识共享运作机制研究》，《浙江学刊》2007 年第 5 期。

王硕、唐小我：《论建立国际研究机构间动态联盟——跨国虚拟研究中心》，《科学管理研究》2002 年第 6 期。

王小黎：《虚拟研究环境的建设》，《合作经济与科技》2011 年第 7 期。

王晓红、张宝生：《虚拟科技创新团队内部知识流动能力影响因素研究》，《技术经济与管理研究》2010 年第 3 期。

王晓红、张宝生：《虚拟科技创新团队知识流动过程和方式研究》，《现代管理科学》2010 年第 6 期。

王晓红、张宝生、陈浩：《虚拟科技创新团队成员选择决策研究——基于多级可拓综合评价》，《科研管理》2011 年第 3 期。

王英俊、丁堃：《"官产学研"型虚拟研发组织的结构模式及管理对策》，《科学学与科学技术管理》2004 年第 4 期。

肖峰：《E-SCIENCE 与科学哲学的新课题》，《科学技术与辩证法》2006 年第 8 期。

谢彩霞、刘则渊：《科研合作及科研生产力功能》，《科学技术与辩证法》2006 年第 1 期。

徐若梅、王硕：《虚拟研发组织的国内外研究述评》，《合肥工业大学学报》（社会科学版）2006 年第 4 期。

徐扬：《基于网络的协同科研组织中的知识共享管理》，《科技进步与对策》2010 年第 3 期。

张爱民：《关键成功因素法在决策者信息需求识别中的应用》，《晋图学刊》2009 年第 12 期。

张宝生、王晓红：《虚拟科技创新团队知识流动意愿影响因素实证研究——基于知识网络分析框架》，《研究与发展管理》2012 年第 2 期。

张宝生、王晓红：《虚拟科技创新团队知识转移稳定性研究——基于演化博弈视角》，《运筹与管理》2011 年第 5 期。

张世专、王大明：《关于实质性国际合作的理想模型》，《中国科学院院刊》2011 年第 5 期。

赵玉冬：《基于网络学术论坛的学术信息交流研究》，《图书馆学研究》2010 年第 10 期。

郑忠伟、李文、孔寒冰：《基于网络的协同科研组织——理工科大学的一种选择》，《高等工程教育研究》2010 年第 2 期。

熊华军：《大学虚拟跨学科组织的原则、特征和优势》，《高等教育研究》2005 年第 8 期。

周景泰、徐小莺：《虚拟 R&D 组织的探索与实践——上海高校 E - 研究院建设述评》，《研究与发展管理》2005 年第 5 期。

朱桂龙、彭有福、杨飞宏：《基于网络的协同科研组织的管理模式研究》，《科技管理》2002 年第 6 期。

朱家德、付敏：《德国高校教师制度特征及其启示》，《江西科技师范学院学报》2009 年第 1 期。

邹薇：《信息环境下高校虚拟科研团队组建及管理对策探讨》，《理论月刊》2008 年第 10 期。

黄金霞、鲁宁、孙坦：《2007年以来虚拟科研环境的研究和实践进展》，《图书馆建设》2009年第7期。

赵康：《数字化科研环境下的学术交流研究》，《科技传播》2014年第1期。

（四）硕博论文

代春艳：《虚拟研发组织中的信任及其管理》，博士学位论文，重庆大学，2010年。

董锐：《高校基于网络的协同科研组织中Cyberinfrastructure建设的研究》，硕士学位论文，浙江大学，2009年。

厉海鸣：《高校虚拟跨学科组织研究》，硕士学位论文，河海大学，2008年。

钱鹏：《高校科研数据管理研究》，博士学位论文，南京大学，2012年。

王英俊：《虚拟研发组织的运行及管理研究》，博士学位论文，大连理工大学，2006年。

二 外文文献

（一）著作

Allan, R. N. ed. , *Virtual Research Environments: From Portals to Science Gateways*, Oxford: Chandos Publishing, 2009.

Anandarajan, M. ed. , *E-Research Collaboration: Theory, Techniques and Challenges*, Berlin: Springer Publications, 2010.

Assante, M. , L. Candela, eds. , *An Extensible Virtual Digital Libraries Generator*, Heidelberg: Springer Publications, 2008.

Chris, M. , F. Stewart ed. , *Internet Communication and Qualitative Research: A Handbook for Researching Online*, London: Sage Publications, 2000.

Christensen, C. M. ed. , *The Innovator's Dilemma: When New Technologies Cause Great Firms to Fail*, Cambridge: Harvard Business Review

Press, 2013.

Collaborative Research: Simulation of Contagion on Very Large Social Networks with Blue Waters. NSF Proposal, 2013.

Cyberinfrastructure Vision for 21st Century Discovery, National Science Foundation, Cyberinfrastructure Council, 2006.

David, N. ed., Inhabited Information Spaces: Living with Your Data, London: Springer Publications, 2004.

De Solla Price, D. J. ed., Little Science, Big Science and Beyond, New York: Columbia University Press, 1986.

Edwards, P., C. Mellish and E. Pignotti eds., DEMO: Our Spaces—A Provenance Enabled Virtual Research Environment, Heidelberg: Springer Publications, 2012.

Gibbons, M., C. Limoges and H. Nowotny eds., The New Production of Knowledge: The Dynamics of Science and Research in Contemporary Societies, London: Sage Publications, 1994.

Huutoniemik ed., Evaluating Interdisciplinary Research. The Oxford Handbook of Interdisciplinary, Oxford: Oxford University Press, 2010.

Marilyn, M ed., Tremaine and Allen Milewski, eds., A Tale of Two Teams: Success and Failure in Virtual Team Meetings, Berlin: Springer-Publications, 2007.

Nage, R. N., R. Dove ed., 21st Century Manufacturing Enterprise Strategy: An Industry-led View, DIANE Publishing, 1991.

Nentwich, M. ed., Cyberscience: The Age of Digitized Collaboration? Cambridge, M: MIT Press, 2008.

Nowotny, H., P. Scott eds., Re-thinking Science: Knowledge and the Public in an Age of Uncertainty, London: Polity Press, 2013.

Olson, G. M., A. Zimmerman and N. D. Bos eds., Scientific Collaboration on the Interne, Cambridge, M: MIT Press, 2008.

Singh, K. B. ed., Building Virtual Research Communities Using Web

Technology, Pasaik: Humana Press, 2008.

Soto, J. P. and A. Vizcaíno, eds., *Why Should I Trust in A Virtual Community Member?* London: Springer Publications, 2009.

Stokes, D. E. ed., *Pasteur's Quadrant: Basic Science and Technological Innovation*, Washington: Brookings Institution Press, 1997.

Tichkiewitch, S. ed. *A Virtual Research Lab for a Knowledge Community in Production (VRL-KciP)*, Netherlands: Springer, 2005.

（二）论文

Atkins, D. E., K. K. Droegemeier and S. I. Feldman, et al., "Revolutionizing Science and Engineering Through Cyberinfrastructure", *Report of the National Science Foundation Blue-Ribbon Advisory Panel on Cyberinfrastructure*, 2003.

Barjak, F., G. Wiegand and J. Lane, et al., "Accelerating Transition to Virtual Research Organization In Social Science: First Results From a Survey of e-Infrastructure Adopters", Third International Conference on e-Social Science, October, 2007.

Barjak, F., J. Lane and Z. Kertcher, et al., "Case Studies of e-Infrastructure Adoption", *Social Science Computer Review*, Vol. 27, No. 4, 2009.

Barnes, T. A., I. R. Pashby and A. M. Gibbons, "Managing Collaborative R&D Projects Development of A Practical Management Tool", *International Journal of Project Management*, Vol. 24, No. 5, 2006.

Batt, Peter J., S. Purchase, "Managing Collaboration within Networks and Relationships", *Industrial Marketing Management*, Vol. 33, No. 4, 2004.

Berens, M., "Trust and Betrayal in the Workplace: Building Effective Relationships in Your Organization, New Horizons in Adult", *Education & Human Resource Development*, Vol. 20, No. 1, 2006.

Blanke, T., L. Candela and M. Hedges, et al., "Deploying General-

Purpose Virtual Research Environments for Humanities Research", *Philosophical Transactions of the Royal Society A*: *Mathematical, Physical and Engineering Sciences*, Vol. 368, No. 1925, 2010.

Braund, D., "Business Beguiled by Collaboration", *Information World Review*, Vol. 245, No. 1, 2008.

Bo-Jen, Chen, I. H. Ting, "Applying Social Networks Analysis Methods to Discover Key Users in an Interest-Oriented Virtual Community", *Advances in Intelligent Systems & Computing*, 2013.

Candela, L., D. Castelli and P. Pagano, "History, Evolution, and Impact of Digital Libraries", *E-Publishing and Digital Libraries*: *Legal and Organizational Issues*, 2011.

Candela, L., D. Castelli and P. Pagano, "Making Virtual Research Environments in the Cloud a Reality: the gCube Approach ManuCloud: The Next-Generation Manufacturing as a Service Environment", *Ercim News*, No. 83, 2010.

Candela, L., D. Castelli and P. Pagano, "Virtual Research Environments: An Overview and a Research Agenda", *Data Science Journal*, Vol. 12, No. 1, 2013.

Candela, L., F. Akal and H. Avancini, et al., "Diligent: Integrating Digital Library and Grid Technologies for a New Earth Observation Research Infrastructure", *International Journal on Digital Libraries*, Vol. 7, No. 1, 2007.

Carroll, J. M., J. Wang, "Designing Effective Virtual Organizations as Sociotechnical Systems", *44th Hawaii International International Conference on Systems Science (HICSS-44 2011)*, Koloa, Kauai, HI, USA IEEE, January 4-7, 2011.

Cappel, J. J., J. C. Windsor, "Ethical Decision Making: A Comparison of Computer-Supported and Face-to-Face Group", *Journal of Business Ethics*, Vol. 28, No. 1, 2000.

Carusi, A. , T. Reimer, "Virtual Research Environment Collaborative Landscape Study", *JISC*, 2010.

Chen, B. J. , I. H. Ting, "Applying Social Networks Analysis Methods to Discover Key Users in an Interest-Oriented Virtual Community", 7th International Conference on Knowledge Management in Organizations: Service and Cloud Computing, 2013.

Cummings, J. N. , "Collaborative Research Across Disciplinary and Organizational Boundaries", *Social Studies of Science*, Vol. 35, No. 5, 2005.

Cummings, J. , T. Finholt and I. Foster , et al. , "Beyond Being There: A Blueprint for Advancing the Design, Development, and Evaluation of Virtual Organizations", 2008.

De Roure, D. , C. Goble and R. Stevens, "Designing the myExperiment Virtual Research Environment for the Social Sharing of Workflows", Third International Conference on E-SCIENCE and Grid Computing, IEEE Computer Society 2007, Bangalore, December 10 – 13, 2007.

Deepwell, F. , V. King, "E-Research Collaboration, Conflict and Compromise", *Handbook of Research on Electronic Collaboration and Organizational Synergy*, 2009.

Edwards, B. , M. W. Foley, "Civil Society and Social Capital Beyond Putnam", *American Behavioral Scientist*, Vol. 42, No. 1, 1998.

Edwards, P. N. , S. J. Jackson and G. C. Bowker, et al. , "Report of a Workshop on History & Theory of Infrastructure: Lessons for New Scientific Cyberinfrastructures", *Understanding Infrastructure: Dynamics, Tensions, and Designs*, 2007.

Élise, Meyer, Pierre, et al. , "A Web Information System for the Management and the Dissemination of Cultural Heritage Data", *Journal of Cultural Heritage*, Vol. 8, No. 4, 2007.

Finholt, T. A. , "Collaboratories as a New Form of Scientific Organization", *Economics of Innovation and New Technology*, Vol. 12, No. 1, 2003.

Fry, J., "Scholarly Research and Information Practices: A Domain Analytic Approach", *Information Processing & Management*, Vol. 42, No. 1, 2006.

Halfpenny, P., R. Procter, "Special Issue on e-Social Science", *Social Science Computer Review*, Vol. 27, No. 4, 2009.

Hey, Tony, A. E. Trefethen, "Uk E-SCIENCE Programme: Next Generation Grid Applications", *International Journal of High Performance Computing Applications*, Vol. 18, No. 3, 2004.

Hoogerwerf, M., M. Lösch and J. Schirrwagen, et al., "Linking Data and Publications: Towards a Cross-Disciplinary Approach", *International Journal of Digital Curation*, Vol. 8, No. 1, 2013.

Hornbrook, M, G. Hart, "Building a Virtual Cancer Research Organization", *Journal of the National Cancer Institute Monographs*, Vol. 35, No. 1, 2005.

Jirotka, M., R. Procter and M. Hartswood, et al., "Collaboration and Trust in Healthcare Innovation: The Ediamond Case Study", *Computer Supported Cooperative Work* (CSCW), Vol. 14, No. 4, 2005.

Kim, S., H. Lee, "The Impact of Organizational Context and Information Technology on Employee Knowledge-Sharing Capabilities", *Public Administration Review*, Vol. 66, No. 3, 2006.

Kralik, D., J. Warren and K. Price, et al., "The Ethics of Research Using Electronic Mail Discussion Groups", *Journal of Advanced Nursing*, Vol. 52, No. 5, 2005.

Leinonen, P., S. Järvelä and P. Häkkinen, "Conceptualizing the Awareness of Collaboration: A Qualitative Study of a Global Virtual Team", *Computer Supported Cooperative Work* (CSCW), Vol. 14, No. 4, 2005.

Luo J., "In Virtual Community: Fostering the Members Participation",

The 19th International Conference on Industrial Engineering and Engineering Management, Springer, Heidelberg, 2013.

Mann, L., "Strength and Length of Partnership as Key Factors in Research Collaboration Between Universities and Industry", *How Organizations Connect: Investing in Communication*, 2006.

McWilliam, G., "Building Stronger Brands Through Online Communities", *Sloan Management*, 2012.

Mora Valentin, E. M., A. Montoro-Sanchez and L. A. Guerras Martin, "Determining Factors in the Success of R&D Cooperative Agreements Between Firms and Research Organizations", *Research Policy*, Vol. 33, No. 1, 2004.

Nahapiet, J., S. Ghoshal, "Social Capital, Intellectual Capital, and the Organizational Advantage", *Academy of Management Review*, Vol. 23, No. 4, 1998.

Nirenberg, J., "From Team Building to Community Building", *National Productivity Review*, Vol. 14, No. 1, 1994.

O'Brien, W. J., "Implementation Issues in Project Websites: A Practitioner's Viewpoint", *Journal of Management in Engineering*, Vol. 16, No. 1, 2000.

Poole M. S., Zhang H., "Virtual teams, The handbook of group research and practice", 2005.

Qureshi, S., M. Liu and D. Vogel, "A Grounded Theory Analysis of e-Collaboration Effects for Distributed Project Management", Paper Presented at the 38th Annual Hawaii International Conference on System Sciences, Hawaii, USA, 2005.

Richardson, B., N. Cooper, "Developing a Virtual Interdisciplinary Research Community in Higher Education", *Journal of Interprofessional Care*, Vol. 17, No. 2, 2013.

Roure, D. D., C. Goble and R. Stevens, "The Design and Realisation of the myExperiment Virtual Research Environment for social sharing of workflows", *Future Generation Computer Systems*, Vol. 25, No. 5, 2009.

Sclater, N, H. Grierson and W. J. Ion, et al., "Online Collaborative Design Projects: Overcoming Barriers To Communication", *International Journal of Engineering Education*, Vol. 17, No. 2, 2001.

Sinnott, R. O., A. J. Stell, "Towards a Virtual Research Environment for International Adrenal Cancer Research", *Procedia Computer Science*, Vol. 4, No. 2, 2011.

Stelmach, M., B. Kryza and R. Slota, et al., "Distributed Contract Negotiation System for Virtual Organizations", *Procedia Computer Science*, No. 4, 2011.

Straus, S. G., "Getting a Clue: The Effects of Communication Media and Information Distribution On Participation and Performance in Computer-Mediated and Face-to-Face Groups", *Small Group Research*, Vol. 27, No. 2, 1996.

Thannhauser, J., S. Russell-Mayhew and C. Scott, "Measures of Interprofessional Education and Collaboration", *Journal of Interprofessional Care*, Vol. 24, No. 4, 2010.

Tichkiewitch, S., M. Shpitalni and F. L. Krause, "Virtual Research Lab: A New Way to Do Research", *CIRP Annals-Manufacturing Technology*, Vol. 55, No. 2, 2006.

Urquhart, C., A. Brice and J. Cooper, et al., "Evaluating The Development of Virtual Communities of Practice that Support Evidence Based Practice", *Evidence Based Library and Information Practice*, Vol. 5, No. 1, 2010.

Van Gorp, P., S. Mazanek, "SHARE: A Web Portal for Creating and Sharing Executable Research Papers", *Procedia Computer Science*, Vol. 4, 2011.

Vangen, S., C. Huxham, "Nurturing Collaborative Relations: Building Trust in Interorganizational Collaborations", *The Journal of Applied Behavioral Science*, Vol. 39, No. 1, 2003.

Voss, A., M. Mascord and M. Fraser, et al., "e-Research Infrastructure Development and Community Engagement", Proceedings from the UK E-SCIENCE All Hands Meeting, 2007.

Vouk, M. A., "Cloud Computing—Issues, Research and Implementations", *Journal of Computing and Information Technology*, Vol. 16, No. 4, 2008.

Walker, K., "Collaborative Power: Collaboration Processes and The Semantic Emergence of Power", Paper Presented at the 3rd International Conference on Critical Management Studies, Lancaster University, UK, 2003.

Wang, F. Y., K. M. Carley and D. Zeng, et al., "Social Computing: From Social Informatics to Social Intelligence, Intelligent Systems", *IEEE*, Vol. 22, No. 2, 2007.

Weck, M., "Knowledge Creation and Exploitation in Collaborative R&D Projects: Lessons Learned on Success Factors", *Knowledge and Process Management*, Vol. 13, No. 4, 2006.

Wilkins-Diehr, N., "Special Issue: Science Gateways-Common Community Interfaces to Grid Resources", *Concurrency and Computation: Practice and Experience*, Vol. 19, No. 6, 2007.

Wilson, A., S. Rimpiläinen and D. Skinner, et al., "Using a Virtual Research Environment to Support New Models Of Collaborative And Participative Research In Scottish Education", *Technology, Pedagogy and Education*, Vol. 16, No. 3, 2007.

Yang, X., R. Allan, "Sakai Vre Demonstrator Project: Realize e-Research Through Virtual Research Environments", *WSEAS Transactions on Computers*, Vol. 6, No. 3, 2007.

Zhang D., Zhang Y., "A Review on User Innovation Virtual Community and Suggestions for Future Research", The 19th International Conference on Industrial Engineering and Engineering Management, Springer Berlin Heidelberg, Changsha, October 27 - 29, 2012.

(三) 参考网址

AGSC: Access Grid Support Centre, http://wiki.lncd.lincoln.ac.uk/wiki/Access_Grid.

Biomedical Informatics Research Network, http://www.nbirn.net/.

BIO-X, Clark Center: Complete Coverage, http://news.stanford.edu/news/2003/october22/xintro-1022.html.

Building a Virtual Research Environment for the Humanities, http://bvreh.humanities.ox.ac.uk/.

Computational and Systems Biology at MIT, http://CSBI.mit.edu/.

Digital Curation Centre, http://www.dcc.ac.uk/.

European Grid Infrastructure, http://www.egi.eu/about/EGI.eu/.

Eldis Communities, http://community.eldis.org/.

Free reference manager and academic social network, http://www.mendeley.com/.

Geosciences Network, http://www.geongrid.org/.

Integrative Biology Virtual Research Environment (IBVRE), http://projects.oucs.ox.ac.uk/vre/ibvre/.

Interdisciplinary Initiative Program, http://biox.stanford.edu/about/index.html.

International Virtual Observatory Alliance, http://www.ivoa.net/.

IBVRE: VRE to support the Integrative Biology Research Consortium, http://www.jisc.ac.uk/whatwedo/programmes/vre1.

Joint Information System Committee, http://www.jisc.ac.uk/.

Joint Virtual Research Lab, http://www.nessos-project.eu/index.php?option=com_content&view=category&id=36&Itemid

= 87.

myExperiment portal, http://www.myexperiment.org/.

myExperiment, http://www.jisc.ac.uk/whatwedo/programmes/vre2/myexperiment.aspx.

nanohub, https://nanohub.org/

National Earthquake Engineering Simulation Cyberinfrastructure Center, http://it.nees.org/.

National Ecological Observatory Network, http://neoninc.org/.

NCeSS Project: Data mining for social scientists, http://wrap.warwick.ac.uk/52923/.

Online Simulation and More for nanotechnology, http://nanohub.org/about/nano.

ResearchGate, https://www.researchgate.net/.

Sakai VRE Portal Demonstrator, http://www.jisc.ac.uk/whatwedo/programmes/vre1/sakaiportal.aspx.

San Diego Supercomputer Center, http://www.sdsc.edu/about/Infrastructure.html.

Schwerpunktprogramm DFG Algorithm, http://www.algorithm-engineering.de/.

Stanford BIO-X, http://biox.stanford.edu/.

Teamwork Without Email, https://asana.com/.

The Environment from the molecular levels. http://www.eminerals.org/.

The Singapore-MIT Alliance. http://web.mit.edu/sma/.

Virtual Organizations as Sociotechnical Systems what has been funded, http://www.nsf.gov/awardsearch/advancedSearchResult?ProgEleCode=7642&BooleanElement=ANY&BooleanRef=ANY&ActiveAwards=true&#results.

Virtual Laboratory for e-Science, http://www.vl-e.org/.

Virtual Research Environments programme, http://www.jisc.ac.uk/

whatwedo/programmes/programme_ vre. aspx.

Virtual Team Working: Current Issues and Directions for the Future VO Information of EGI, http://operations – portal. egi. eu/vo/usersSummary.

附　　录

一　欧美发达国家基于协同科研平台的部分科研组织项目

序号	项目名称	国家	支持学科	简介	项目网址
1	Alzforum	美国	医学	从 1996 年开始的 Alzforum 项目研究神经变性疾病获得成功后，陆续开展一系列项目来联合多个学科、多个研究组织的人员进行生物医学的研究，现在已经发展成为一个独立的组织	http：//www.alzforum.org/
2	Science Gateways	美国	跨学科研究，主要集中于自然和物理科学	该项目是促进科学家对 Tera-grid 网格（由 NSF 资助建设）的使用，该项目由印第安纳大学、普渡大学等 11 家合作方共同开展	http：//www.teragrid.org/gateways/
3	my Experiment	英国	生物医学、化学、社会科学	由联合信息系统委员（JISC）资助建设的一个网站，由曼彻斯特大学、南安普顿大学等协作完成，可以分享每位科学家所开展实验的工作流（workflow）	http：//www.myexperiment.org

附 录　　169

续表

序号	项目名称	国家	支持学科	简介	项目网址
4	DFG VRE Programme	德国	所有学科	支持大学及公共财政资助的研究机构开展各学科的研究，目的是促进研究者间的协作	http://www.dfg.de
5	eSciDoc	德国	多学科的研究	马克斯·普朗克协会（Max Planck Society）支持，支持来自不同大学、研究机构的学者公布、分享数据	https://www.escidoc.org/
6	Cleo	法国	艺术和人文学科、社会科学	促进艺术和人文社会科学领域的编辑、出版，可以协同标注、校订，文档从形成初期到终稿间的每个阶段，都可以被公开访问	http://www.cleofrancais.fr
7	TGE Adonis	法国	艺术和人文学科、社会科学	通过5个国家数字化资源中心，支撑研究中的大规模合作，支持对人文、艺术、社会科学领域的数字化学术资源的大规模访问和共享	http://www.tge-adonis.fr
8	Biogrid	澳大利亚	医学	主要用于分享遗传、病例资源	http://thebiogrid.org/
9	e-Resource Centre	澳大利亚	自然科学	由澳大利亚莫纳什大学、墨尔本大学等协同开展，主要是在气候变化领域的研究协作。e-RC提供了大量的历史气候数据及实时观测到的数据	http://www.rch.org.au/erc/
10	The Membrane Research Environment（MemRE）	澳大利亚	工程物理科学、生物技术	由维多利亚大学领导的一个9所大学的联盟支持建设的协作性数字图书馆，主要是围绕先进膜技术方面的研究做资料存储与共享，这个组织是为了加速膜技术在土地优化方面的应用	https://research.unsw.edu.au/memre-faculty-engineering

续表

序号	项目名称	国家	支持学科	简介	项目网址
11	SURFshare	荷兰	跨学科研究，主要集中于艺术和人文社科研究	由荷兰皇家艺术和科学研究中心和一批大学合作开展，目的是促进信息技术在教育和科研中的应用，依靠Surfnet增强出版、科研协作、知识传播的绩效	http://www.surffoundation.nl
12	ReInfra	挪威	所有学科	由挪威国家研究委员会、奥斯陆大学、卑尔根大学、挪威科技大学等机构合作展开研究	http://www.forskningsradet.no/english

二 美国国家科学基金会 VOSS 研究专项的部分资助项目

序号	项目名称	承担机构	研究主题
1	Virtual organizations in action: Understanding socio-technical systems through changes in structure and technology	杜克大学（Duke University）	对虚拟组织的结构、技术及使用效果的本体研究
2	A Research Coordination Network Dedicated to Facilitating the Creation and Transfer of Knowledge	麻省理工学院（Massachusetts Institute of Technology）	研究科研协作网络中的知识传递与分享
3	Building and studying a virtual organization for adaptation to climate change	诺特丹大学（University of Notre Dame）	关于气候变化的研究中应用虚拟组织实现全球化多学科的合作
4	Building Shared Leadership to Strengthen Virtual Team Effectiveness	马里兰大学（University of Maryland）	分布式协作中多方的联合领导力
5	CAREER: Leadership for Virtual Organizational Effectiveness	乔治亚技术研究公司（Georgia Tech Research Corporation）	研究虚拟组织中领导力的形成机制

续表

序号	项目名称	承担机构	研究主题
6	Collaborative Research: Agency, Structure and Organization: Paths to Participation in Large-Scale Socio-Technical Systems	纽约大学（New York University）	在大规模社会技术系统中的参与路径
7	Collaborative Research: Impact of In-Process Moderation on Open Innovation Collaboration	北卡罗来纳大学（University of North Carolina）	开放式科学创新中基于虚拟组织的科研协作
8	Computational Tools, Virtual Organizing, and Dynamic Innovation Diffusion	查普曼大学（Chapman University）	计算工具、虚拟组织和动态的创新冲突
9	Coordinating the Science of Team Science	马里兰大学（University of Maryland）	研究基于群组开展科学的方式方法
10	VOSS: Creating Global, Multi-lateral, Knowledge-Sharing Communities of Practice	科罗拉多大学波尔得分校（University of Colorado at Boulder）	利用虚拟组织打造全球化知识分享社区
11	Culture and Coordination in Global Engineering Teams	乔治梅森大学（George Mason University）	工程科学中的多学科全球合作
12	Design Collaborations as Sociotechnical Systems	康奈尔大学（Cornell University）	协同科研环境中的可视化工具，跨学科
13	Designing Transparent Work Environments	卡耐基－梅隆大学（Carnegie-Mellon University）	让研究环境变得透明
14	digitalSTS Workshops	乔治城大学（Georgetown University）	在社会和技术研究课程中如何利用虚拟组织开展充分的互动
15	EAGER: Collaborative Research: Attention, (Re) Action, and Perception: Measuring Presence in Collaborative Virtual Environments	得克萨斯大学奥斯汀分校（University of Texas at Austin）	在协作性环境中的行动、反思
16	Flexible Research Infrastructure: A Comparative Study	乔治城大学（Georgetown University）	基于比较研究的视角看虚拟组织这种灵活性的研究架构

续表

序号	项目名称	承担机构	研究主题
17	I Want You to Know Who I Am: Identity Communication and Verification in Virtual Teams	亚利桑那大学（University of Arizona）	在虚拟组织中如何让别人识别自己的学术特长
18	VOSS: Innovating Across Cultures in Virtual Organizations	加利福尼亚大学欧文分校（University of California-Irvine）	在跨文化的虚拟组织中实现创新力
19	Micro-Analytics of Collaboration in Distributed Work: What Makes Collaboration Work	加利福尼亚大学欧文分校（University of California-Irvine）	协同式科研工作的运行机制
20	New Generations of Scientific Knowledge in Collaboratories	纽约市立大学城市学院（CUNY City College）	基于网络的协同科研组织如何改变和影响科学知识的实际生产
21	Organizational Participation in Open Communities	内布拉斯加大学（University of Nebraska）	开放式学术社区中的组织参与
22	Public engagement in networked virtual organizations and its effects on discovery and innovation	加利福尼亚大学洛杉矶分校（University of California-Los Angeles）	利用基于网络的协同科研组织吸引公众参与，工程科学
23	Research Collaboration Network for Managing Collaborative Research Centers	佐治亚大学（University of Georgia）	调研虚拟组织跨学科学术社区的工作方式
24	Research on the Process of Virtual Research Environment	北得克萨斯大学（University of North Texas）	研究虚拟科研环境
25	Stakeholder Participation and the Emergence of Dominant Design in Large-Scale Cyber-Infrastructure (CI) Systems	华盛顿大学（University of Washington）	研究信息化基础设施的未来建设走向
26	Successful Collaboration between Researchers from Developing and Developed Countries in Virtual Organizations	密歇根大学（University of Michigan）	通过基于网络的协同科研组织促进发达国家和发展中国家之间的合作，遥感科学

续表

序号	项目名称	承担机构	研究主题
27	Supporting Successful Design and Management of Research Centers	佐治亚大学（University of Georgia Research）	把传统的研究中心实现虚拟化，采用成功的设计和管理方式
28	Teams Emerging from the Crowd: Virtual Team Structure as a Predictor of Idea Goodness in Online Innovation Communities	加利福尼亚大学圣芭芭拉分校（University of California-Santa Barbara）	网络创新社区中从杂乱群体到有序组织的形成机制
29	The Comparative Analysis and Theory of Participation in Socio-Technical Systems	西北大学（Northwestern University）	在社会技术系统中的比较分析和参与式理论
30	The Potential for Social Networking Cyberinfrastructure to Facilitate Virtual Organization Breeding Grounds	佐治亚大学（University of Georgia）	在生命科学中主要研究依赖社交网络技术的信任构建问题
31	The Science of Team Science	国家科学院（National Academy of Sciences）	对基于群组开展科学研究的特性开展研究
32	Understanding Conditions for the Emergence of Virtual Organizations in Long-Tail Sciences	密歇根大学（University of Michigan）	基于长尾科学理论的视角看虚拟组织产生的环境与条件
33	Understanding Technology Appropriation in Intercultural Global Work	斯坦福大学（Stanford University）	在跨文化全球科研网络中信息技术使用的文化特性（即不同的文化特质是否影响信息技术使用的特质）
34	Virtual Organization Resources and Toolkits Exchange（VORTEX）	佐治亚大学（University of Georgia）	为虚拟组织的创建者和虚拟组织的领导者提供示范、培训及技术指导
35	VOSS-Collaborative Research: Evolution in Virtualized Design Processes in Project-Based Design Organizations	天普大学（Temple University）	虚拟组织中的科研工作流程如何变革